我 的手工时间

最简单的
家庭木工

9位日本木工达人教你从零玩木工

わが家にぴったりの棚づくりレシピ**24**

【日】地球丸木工编辑部（CHIKYU MARU） 编

芙 安 译

化学工业出版社

·北京·

最简单的家庭木工
CONTENTS

第一章　24款简单木家具的基本介绍

第二章　工具与制作前的准备工作

第三章　详细的制作方法与步骤

* 自第5页起各木架资料表格中所标示的记号，为建议的使用场所。

客 客厅　厨 厨房　卧 卧室　厕 厕所　玄 玄关　其 其它（根据个人喜好）

* 木架的尺寸分别以W宽、H高、D深表示。

* 设计图、取材图、做法中的数字单位皆为毫米（mm）。

第一章

24款简单木家具
的基本介绍

书中介绍了9种不同类型的木架，根据用途共可分为24款，是由9位木工达人利用手边的材料与工具，设计出简单而美观的居家家具。你喜欢的话，不妨从中挑选几个适合自己家的款式，动手做做看哦！

开放式木架

木架是开放式的家具。没有压迫感，可作为摆饰架灵活运用。若使用原木等材质所做出的木架，即使只是置于屋内一角，也能使整体氛围更为出色。

层板放在有脚架的支撑杆上。可根据层板安装位置的变化，增加或减少数量。

001-A　四脚型开放式木架

使用杉木原木做成的开放式木架，可保留木材原本的质感及手感。制作过程不难，但作品很令人满意，建议可用此木架摆放餐具、花瓶或艺术品等日用杂货，也可作为CD架。这种24mm厚、质地轻软的杉木，最大特色就是加工方便。如果备有电钻、螺丝起子、锯子和锤子等基本工具，就更方便了，每个人都可以轻松做出木架。且如果木架的最下层为固定式层板，则会更加牢固。若此处的层板仅为置放的设计，若因弯曲或变形而产生摇晃，可用螺丝固定。

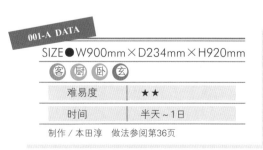

001-A DATA

SIZE● W900mm×D234mm×H920mm

客　厨　卧　玄

难易度	★★
时间	半天~1日

制作／本田淳　做法参阅第36页

001-B 板脚型开放式木架

在松木材质上涂白色水性涂料，微带褪色做旧质感的开放式木架是其一大特色。作品呈现法国乡村风格，整体充满宁静舒适的氛围。可放置装饰物品或作为收纳架灵活运用。此处还提供门板及迷你抽屉的设计，仅供参考。若将含门板设计与不含门板设计的两种木架并列排列，则可布置出整体风格一致、外观引人瞩目的居家角落。且松木材质在加工方面最不费力。每人皆可轻松上手做出漂亮的木架。

001-B DATA

SIZE● W780mm × D320mm × H818mm

客 厨 卧 厕 玄 其

难易度	★
时间	1～2天

制作／半田光夫 做法参阅第39页

搭配制作-B-a　迷你抽屉

这种小抽屉可作为摆饰架的一部分。抽屉大小刚好用来收纳零碎的小物品，非常方便。而抽屉高度也可根据层板的位置进行改变。

搭配制作-B-b　简单门板

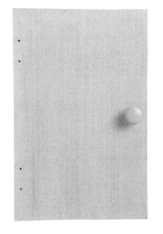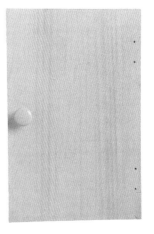

开放式木架安装的门板通常采用左右对称的设计。只需在门板面适当的位置安装圆形把手（可充分利用剩余材料）及合叶，就能轻易完成。合叶只需平贴安装在木架表面即可。可以根据个人喜好选择独特的颜色或设计。

窄型木架

若要充分利用小空隙作为收纳空间，这种窄型木架可说是相当方便。此处介绍3种可以直接放置物品、充分发挥空间的窄型木架。

002-A 一抽木架

这种迷你型的一抽木架可作为摆饰架使用。在做法上用水性漆稍微涂装，使纹路略呈透明，完成后即呈现自然优雅的风格。将它放在厨房台面、冰箱旁的狭小空间或者是放在儿童房、杂物间等处灵活运用都是不错的选择。

002-A DATA

SIZE●W200mm×D188mm×H880mm

客 厨 卧

难易度	★
时间	半天～1天

制作／三浦麻央　做法参阅第42页

搭配制作-A-a
万用抽屉

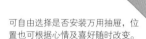

可自由选择是否安装万用抽屉，位置也可根据心情及喜好随时改变。

002-B 桌上型置物架

此为附有镜子的桌上型置物架，放在鞋柜上，方便外出前检查服装仪表。不但能借此收纳外出所需的备用物品，出门前也可以确认物品的携带是否齐全。在置物架侧面装上挂钩放钥匙也是一个不错的选择。这种桌上型置物架除了可放在玄关处，也可放在厕所或厨房，方便放置。

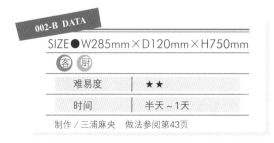

002-B DATA

SIZE●W285mm×D120mm×H750mm

客 厨

难易度	★★
时间	半天～1天

制作／三浦麻央　做法参阅第43页

002-C 卫浴用品收纳箱

对于想充分利用厕所死角放置收纳架的人而言，卫浴用品收纳箱可说是最理想的家具。这种整体以白色为基调做成的收纳箱，即使放在如厕所等狭小的空间里，也不会产生压迫感。若在收纳箱正中央放上小摆饰，则整体空间的气氛也会变得清爽而明亮。使用材料为松木。如果委托木家具订制店处理，则不会那么费工，更能轻松愉快地完成。

002-C DATA	
SIZE●W326mm×D150mm×H750mm	
厕	
难易度	★★★
时间	2~3天

制作／森泰敏 做法参阅第44页

003 矮柜

此为方便放置电视机、音响等器材的矮柜，是客厅里不可或缺的家具之一。此处介绍装有脚轮以及橱柜设计的矮柜。

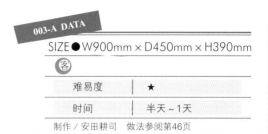

003-A DATA	
SIZE ● W900mm × D450mm × H390mm	
客	
难易度	★
时间	半天~1天

制作／安田耕司　做法参阅第46页

003-A 移动式电视柜

这是使用极受欢迎的2×4木材做成的电视柜。由于附有脚轮，不论移动或打扫都很方便。此尺寸的电视柜也可摆放大型的液晶电视。把四角在2×2的木材上往下钻洞，再用木工用黏合剂加固，接着把2×4木材用螺丝固定，整个电视机架就会十分牢固。除了作为茶几外，还能当作长椅供人使用。尺寸方面则可自由改动，漆色部分也可搭配房间的气氛选择用色。做法上很简单，也容易操作。
（本书中所提到的2×4木材、2×2木材等，即指边长2英寸×4英寸或2英寸×2英寸的木材。）

在桌面上使用MDF中密度纤维板（MDF为Middle Density Fiber的缩写）、侧面及背面则用多孔板，作品即可呈现个性化的设计风格。由于构造简单，能依照图案轻松制作完成。

003-B 简约开放式方格柜

在客厅摆上像这样独特的家具，更能营造出明确、充满个性的气氛，展现时尚感。这种方格柜正是具备此特色的作品。使用的是松木组装材，以其柱状组成的结构，提高整体的稳定度，再装入用松木组装材做成的方格箱。此方格柜的特点在于里外两侧皆使用多孔三合板，若添加冲孔金属等铝合金，则又会变化出不同风格的作品，富有趣味。

003-B DATA

SIZE ● W1200mm × D450mm × H800mm

（客）

难易度	★★★★
时间	2~3天

制作／青城良　做法参阅第47页

厨房置物架

厨房周围的微波炉架、碗柜很容易使人感受到日常居家风格。因此不妨自己动手做出拥有收纳功能又同时兼具个性的橱柜，给厨房一个崭新的风格。

004-A 微波炉架

根据微波炉尺寸量身定做而成。这种木架可以呈现出简单生活美感，在没有生命的家电周围，摆上这种微波炉架，摇身一变即可成为充满法国风格的居家空间。为方便使用，下层放垃圾桶，中间层板的部分可放锅碗瓢盆等常用的厨房用品，层板的位置也可自由变化。上层则使用亚克力板，并备有制作简单的带窗门板。

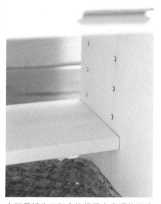

中间层板为可配合垃圾桶高度调整的移动式层板。层板接合面则用小型金属零件固定。

004-A DATA

SIZE● W450mm × D300mm × H750mm

（厨）

难易度	★★
时间	半天~1天

制作／山上一郎　做法参阅第50页

004-B 方格橱柜餐车

方格橱柜餐车含有4个抽屉，是个收纳功能卓越出众的家具。可放置大量食器和食材。由于方格橱柜餐车带有脚轮，使用时可轻松移动。由于餐车表层贴有瓷砖，所以也能成为移动式的调理台，处理简单的料理工作。此外在方格橱柜餐车上放置001-B的板脚型开放式木架，则可作为碗橱使用。

004-B DATA

SIZE● W780mm × D480mm × H898mm

（厨）

难易度	★★★
时间	3~4天

制作／半田光夫　做法参阅第52页

004-C 橱柜

这是适用于开放式厨房的工作台面，把厨房周围的物品收纳于此，空间变得宽敞，是一个收纳功能很强的橱柜。在工作台前设置了展示空间，可以摆饰餐盘，也可作为调味料的收纳架。由于使用1×4木材，故结构十分牢固。可用白色水性涂料上色，也可与厨房的整体风格搭配选择理想的漆色。

004-C DATA	
SIZE●W759mm × D466mm × H800mm 厨	
难易度	★★★★
时间	3～4天

制作／森泰敏　做法参阅第54页

此处柜子的设计以突出、展示木材质感为初衷。这种木架所流露出的独特风格是成品家具绝对无法比拟的。不妨考虑动手做一个作为儿童房的摆设。

005-A 角柜

这是手工做成、充满愉悦气氛的角柜。柜子的部分使用杉板，顶端部分用凿子或锯子加工成Z字形的排列。架子高度可根据摆放的电视机或园艺植物的大小随意调整。下层的门板则用杉木做成，并根据个人喜好涂装上色。若在粉色的板面涂上褐色系漆料，则会呈现质朴素雅的风格。除此之外，也可根据个人品位自由设计。

005-A DATA

SIZE● W700mm × D495mm × H1800mm

客

难易度	★★★★★
时间	5天

制作／山上一郎　做法参阅第57页

上图：安装3根支撑层板的角材，可自由调整层板高度。若本身已决定摆设物品的内容，则只放1根角材也无妨。

下图：在竹签串上算盘珠子，会产生自然朴实的气氛。改用小石头或串珠代替也很漂亮。

005-B 杉木展示柜

这是使用24mm厚的杉木做成的展示柜。可以感受作品整体散发出的木材质感以及个性。门扇部分使用亚克力板装饰，并用算盘珠子作为点缀。图中的作品是选用3种不同颜色的珠子，自己也可以改用串珠或其他有小孔的饰品。上面的层板为可移动式设计，下面的层板则根据收纳的CD尺寸而设计。因为此处将螺丝视为整体设计的一部分，所以一起喷漆上色。

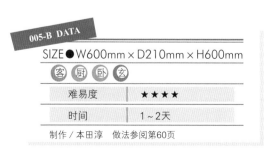

005-B DATA

SIZE● W600mm × D210mm × H600mm

客 厨 卧 玄

难易度	★★★★
时间	1~2天

制作／本田淳　做法参阅第60页

书架和CD架

用来收藏在日常生活中日益增多的书与CD。这些木架不仅兼具实用性，就室内设计而言，也十分出色抢眼。此处介绍3种收藏书本和CD的收纳架。

此处装有支撑层板的暗榫，为可移动式设计。而面板及底板则用专门的金属零件固定。

006-A 并列式书架

以松木组装材做成的并列式书架，能展现松木独树一格的特色与简洁优雅的结构，凛然有型、出色抢眼，充满北欧家具的独特品位。中间的层板为可移动式设计，可根据书本大小作适当的位置调整。此书架为不含背板的开放式书架，除可放置小件饰品作为展示架外，也可当作室内隔间用，功能多样。

006-A DATA

SIZE ● W900mm × D250mm × H900mm

客 卧

难易度	★★★
时间	3~4天

制作／北原邦裕　做法参阅第62页

006-B CD架

此木架的特色在于专门为放置CD而设计的金属展示框。此种展示框是建筑专用的金属零件n字钉，能将最喜爱的CD当成封面展示，赏心悦目。若想稍微增大收纳空间，则可以此CD架为基准，将尺寸加高或加宽。若尺寸变大，也可当作书架使用。

006-B DATA

SIZE ● W566mm × D200mm × H566mm

客 卧

难易度	★★★
时间	1~2天

制作／北原邦裕　做法参阅第64页

006-C 带桌面书架

具备书架基本功能又同时把制作重心放在设计上的附桌面书架，使用松木组装材做成，面板及桌脚部分展现出生动丰富的松木纹路，与以多孔板组成的壁板、涂上白漆的框架形成强烈的视觉对比，也可灵活运用作为边桌（sidetable）或电话架使用。

006-C DATA

SIZE ● W390mm × D340mm × H800mm

客 卧 玄

难易度	★★★
时间	1~2天

制作／青城良　做法参阅第66页

迷你木架

对于制作大型木架较无自信的人而言，刚开始可以先以这种小型木架一显身手。只要准备小型的材料和简单的工具，就可做出自己喜欢的木架。

制作／三浦麻央

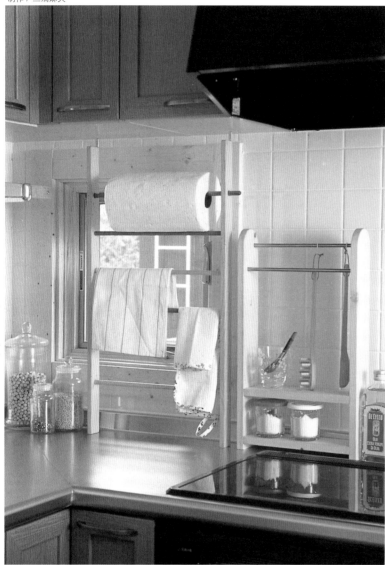

厨房、洗手间、玄关等地方，空间一般都比较窄小，像这种摆放许多零碎物品的场所，如果能有一个木架，就会相当便利。可根据收纳的内容与放置场所量身设计木架的形状和大小，而此木架最大的魅力还是来自于作品本身充满了浓烈的手工风格。左图的厨房活动架，使用了许多圆杆，可以挂置许多用品，非常便利。下图的迷你活动架虽然只选用细角材制作而成，做法简单，造型却很优美。

007 DATA

难易度	★★
时间	1～2天

做法请参阅第68～71页

制作／内田玲子

007-A 厨房活动架

SIZE ● W430mm × D38mm × H770mm（左图）厨
　　　 W321mm × D90mm × H550mm（右图）

007-B
迷你开放式厨房活动架

SIZE ● W450mm × D120mm × H300mm 其

制作／山上一郎

007-C
挂墙复古木架

SIZE ● W450mm × D100mm × H320mm
客 厨

制作／森泰敏

这些木架做法简单，虽然迷你小巧，但只需在设计上稍作功夫，就能做成可爱与便利兼具的作品。例如把市售的回转台用来做成CD架。由外观看来就很牢固，拥有强大的收纳功能。另外，可在层板上使用铁丝、在面板贴上瓷砖等，完成创意十足的小巧居家木架。

007-D 带钥匙圈装饰小木架

SIZE ● W450mm × D100mm × H377mm 客 卧 玄

007-E
CD回转架

SIZE ●
W300mm × D300mm × H420mm
客 卧

007-G
瓷砖方格箱

SIZE ●
W320mm × D320mm × H390mm
客 卧 厕

007-F

挂墙香料架

SIZE ● W450mm × D180mm × H300mm 厨

制作／山上一郎

玄关是所谓"居家的脸面"。因为居住者在个性和生活状态，都会在玄关处显露无遗。试试用个性鞋架，来充分展现自我风格。此处介绍2种简洁明朗的鞋架。

008-A DATA	
SIZE ● W872mm × D300mm × H1100mm	
玄	
难易度	★★
时间	1~2天

制作／安田耕司　做法参阅第72页

008-A 开放式鞋架

这种开放式鞋架使用2×4木材，是稳重带有安定感的梯形鞋架。由于深度有30cm，即使空间狭小的玄关也能容纳。由于这种展示架的设计，把平常所穿的鞋子并排摆放，反而展现出时尚风情。层板的固定工具使用的是颜色会随时间慢慢加深的黄铜钉。此外，在鞋架上层也安装了钥匙挂钩，方便出门前在玄关随手就可取得钥匙。

008-B 组合式鞋柜

这种用松木组装材做成的组合式鞋柜，色彩明亮，加工方便，作品完成后颇受好评。制作上也只需做出2种不同尺寸的鞋箱，再互相搭配组合即可。此外，也可根据个人喜好自由改变顺序。若将鞋箱直立放置，可收纳靴子。若要增加鞋箱的数量，则可变成大型的鞋柜，是具备弹性组合功能的鞋柜。鞋箱的深度与大小可根据现有的鞋类进行调整。

搭配制作-B-a&b
小件杂物箱及支柱

008-B DATA	
SIZE ● W450～mm × D300mm × H375～mm	
玄	
难易度	★
时间	1～2天

制作／内田玲子　做法参阅第74页

这是可充分利用箱内空间的抽屉型置物箱和组装结构太过复杂时用来支撑鞋柜重心的支柱。有了这些配件，就能大幅提升鞋柜的使用率，让人更能随心所欲地自由组合。

009 茶几

这是置放在客厅或和室的茶几。此处的设计考虑是制作收纳功能与便利兼具的带抽屉茶几及小箱桌。

009-A 带抽屉茶几

这件作品包含展现松木组装材独特风格的抽屉和简单大方的茶几。若使用松木材质制作，作品完成后会充分散发木材原有的质感，不论是在室内或客厅皆可使用。桌脚的材质采用桌脚专用或一般市售的橡木。抽屉则为可由侧边拉出的设计。

009-A DATA

SIZE ● W900mm × D600mm × H324mm

(客)(厨)(卧)

难易度	★★★
时间	1天

制作／北原邦裕　做法参阅第76页

009-B 小箱桌

此为针叶树三合板加上杉木面板组合而成的小箱桌。杉木面板由上方开启，箱内有相当宽敞的收纳空间。针叶树三合板本身就具有明显的纹路，若再漆上深浓的橡木色，作品完成后会与室内沉稳素朴的风格相互辉映。小箱桌的尺寸如果小一些，就可当作小孩的玩具箱。为开关方便，面板以采用轻薄的木材为佳。

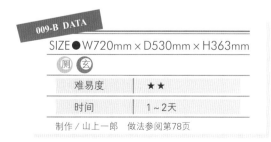

009-B DATA

SIZE ● W720mm × D530mm × H363mm

(厕)(玄)

难易度	★★
时间	1~2天

制作／山上一郎　做法参阅第78页

第二章

工具与制作前的准备工作

在真正开始制作木架之前，要先跟大家介绍制作木架的材料与工具，以及基本的制作流程。如果能熟练基本流程，接下来就更容易了解制作方法与诀窍喽！

制作木架的工具

制作木架前所需准备的材料及工具。其实只要走一趟居家装饰建材城，几乎可以备齐所有的材料。首先在此介绍采用的木材种类和所需物品。

木材

制作木架的材料，选用的是裁切后可以黏合、加工方便的木材。至于种类、形状及厚度则因木材本身的材质而异。由于这也会影响木材强度与完工结果，请根据用途选择合适的材料。

木材的种类

原木

未经过特别加工的天然木材。可展现木材原有的风格与美感。但缺点是价格较为昂贵，遇上气候干燥容易产生收缩，处理方面也较困难。

松木

白色般的纹路上没有皱褶，适合制作家具。多用于乡村风格的家具。

杉木

最受欢迎的原木。质地轻软，加工方便。是具有一定强度、适用范围广泛的木材。

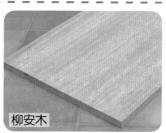

柳安木

常用于三合板，是质地轻软、加工方便的木材。纹路较粗，表面有光泽。

组装材（拼板）

黏合角材或板材组合而成的人工木材。材质本身少有伸缩弯曲问题，强度高，备有各种长、宽、厚度不同的尺寸，最适合用于木工。

桧木

木材表面结构紧密，含有独特的光泽及弹性，便于加工。防水性强、不易变形。

松木(1)

以横向组装而成的横向箭形纹路木材，连接部分不明显，完成后犹如原木一般。

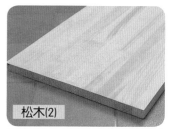

松木(2)

把经过裁切的小块松木片，往长、宽的方向接合，做成板压均一的木板。特点是处理方便。

三合板

由薄板黏合而成的木板。此种木材不易伸缩或弯曲，强度高，种类丰富。若用作木架，则全部当作背板使用。

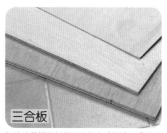

三合板

把单片薄板的纤维以直角方式粘贴而成的木板，一般称为三合板。

木材三合板

把组装材粘贴在中间、表面再贴上三合板的木材。可做成厚片的木板，螺丝和铁钉安装的固定性也比较高。

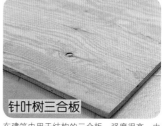

针叶树三合板

在建筑中用于结构的三合板，强度很高。由于表面粗糙，用途有限，风格独特。

memo 了解市售木材的大小

在居家装饰建材城等处销售的木材，会裁切成固定大小的尺寸。若能了解目前市面上销售的木材尺寸，即可根据该尺寸的大小设计木架，进而有效运用木材。一般市面上销售的木材尺寸多为910mm×1820mm，其一半的长宽大小则为450mm，1/3的则为300mm。特别是三合板，几乎全是上述的尺寸。至于由小块木材组合而成的组装材，除这些之外还有很多尺寸，

例如一般的松木组装材，可以找到的宽度就有200mm、250mm、300mm，以及小型50mm和大型900mm的尺寸。此外厚度方面的种类也不少，但在制作木架时，宜选用小型尺寸为14mm、大型尺寸为18mm的木材为佳。若面板使用的是厚片材质，则建议采用30mm左右厚度的木材，外表看来也大方，固定螺丝或处理方面也很容易。

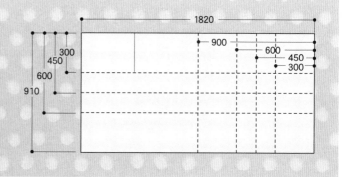

木材形状的种类

一般而言，厚度在4倍以上的称为"板材"，4倍以下宽度的称为"角材"。常用于DIY中的针叶树木材（云杉、松树、冷杉），是价格便宜、品质稳定的规格木材。

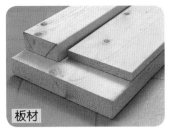

板材

2×4的家具中使用的规格木材。由于木材各角已经过削角加工，使用方便，也有人会选择尺寸不同的木材来制作。

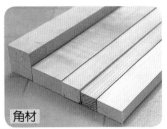

角材

用于日本建筑中的规格木材。有基本的长度尺寸，通常用于制作家具的结构架、腿等。

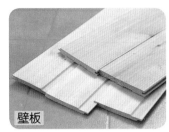

壁板

粘贴壁面等处所用，在沟槽及隆起部分经过特别加工的木材。在连接木材时不会出现空隙。

金属零件

除了连接、固定木材所用的铁钉、螺丝、平折角铁零件外，使用木架时可任意调整高度的脚轮、各式各样的把手和合叶等，也是制作木架时常用的金属零件。

铁钉

包括一般的圆钉（右上）、不易松脱的地板钉（右中）、黄铜钉（右下）以及仿古风的装饰钉（上）等，种类繁多。宜根据使用材料及目的选择合适的铁钉。

螺丝

除了木材专用的螺丝（上）外，还有螺距较宽的宽牙螺丝（右中、右下），其价格也很便宜，被广泛使用。而专门固定木材的螺丝长度宜选2~3cm的长度较佳。

合叶

又称铰链，为装配于门板或盖子上而用的零件。以平面合叶最受欢迎，不论是颜色或设计都很丰富，也能使木架的整体印象更为突出。可根据门板的尺寸选择合叶大小和数量。

脚轮

带有车轮的金属零件。在木架上安装脚轮，则可随意移动木架的位置。宜根据木架大小及容量选择脚轮的尺寸。在种类方面，有固定脚轮和活动脚轮，也有带制动装置的脚轮。

把手

装配于门板或抽屉口的装置。有反锁式的固定把手以及在表面用螺丝固定的把手。形状或设计也是琳琅满目，可根据木架的整体风格选择合适的把手搭配。

平折角铁类

用来增加接榫处或转角处的强度，加强接合功能。加固金属零件的形状有T字形、I字形及L字形、双面和三面T形等。装好后再用螺丝固定。

制作木架的基本流程

选好材料后，然后使用各种工具进行加工。首先是测量和裁切。在居家装饰建材城可买到经处理过的木材，但自己动手裁切会在制作木架的过程中更添加了一番乐趣。

测量和裁切

这是木工制作中最基本的步骤，在裁切大块面积时必须使用专门的工具，可利用居家装饰建材城或木工教室所提供的代客裁切服务。而在这里先介绍小型材料的裁切和木材边缘的修饰裁切。

直线裁切

用锯子裁切

锯子的刀刃部位根锯齿形状分为2种，与木材纹路呈垂直状切割时使用横截锯，将木材直向切断时则使用纵切锯。

1 用曲尺在欲切割的部位画线。这种作业一般称为"画墨线"。

2 为便于加工，在墨线上用美工刀切出线痕。

3 用美工刀轻轻切出槽形，之后在使用锯子裁切时，切线不易弯曲。

4 把拇指（指惯用右手者的左手拇指）放在墨线的起头处，将锯子的刀刃和墨线对齐。

5 固定木材的力量一定要比拉锯的力量强，因此以一只脚踩着木材将之固定。

6 锯子在切割时即会把木材切断，因此在开始裁切时就要注意力度，而要结束裁切时必须注意力度，以保持两片木材的切面完整。

用电动线锯机裁切

若要随意由直线到弯曲的切割木材，则需使用电动线锯机。这种工具也可用于圆弧的裁切加工。使用电动工具时，要将木材牢牢固定，宜小心安全，谨慎处理。

1 将木材固定，线锯机底部的前端置于木材上，并把线锯机安置好，在刀刃未接触木材的状态下启动开关。若在刀刃接触木材的状况下启动开关，容易发生危险！

2 使用电动线锯机时切切勿急躁，宜慢慢进行。刀刃开始移动后再放到木板上进行裁切。

用美工刀裁切

像厚度约3mm的三合板这种薄木板，用锯子不易裁切。所以可选择工艺用的大号美工刀会比较方便，也能裁出漂亮的形状。

1 用曲尺画墨线，并用曲尺固定，先用美工刀轻轻切出浅痕。

2 切出浅痕的状态，此步骤重复2~3次。

3 每次加入少许力度进行裁切。记住不要一次切断，重复用美工刀切割才能裁切出漂亮的直线。

曲线裁切

用电动线锯机裁切

切割曲线时，直到开始切割之前的步骤皆同于直线裁切。不要急躁，慢慢向前切去即可。

1 利用纸型或圆形的碗等餐具，画出圆形的墨线。

2 将木材用夹钳在工作台上固定，以便作业。

3 将底部前端与木材接触，把电动线锯机安置好，调整曲线及刀刃的角度。

4 不用一气呵成完成裁切。若刀刃偏离欲切割的曲线，则关闭开关，等调整好角度后再重新启动。

5 木材不易切割时，可以改变站立的位置或调整木材的方向，情况则会改善。

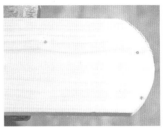

6 曲线裁切时，很容易在刀刃的部分产生负荷，因此宜慢慢向前切割。

测量·画线

进行测量、画线的工作时，必须使用卷尺及钢尺。若有曲尺，则可正确画出直角，非常方便。

用卷尺测量长度。在木材的一端把卷尺的钩子钩上，再把卷尺拉到欲测量之处，并作下记号。

用钢尺辅助画出笔直的墨线。根据刻度测量画线。注意不要画歪。

使用纸型想画较为复杂的曲线时，可用厚纸做成纸型，再将这张纸型放在材料上，根据纸型的边缘画出墨线。

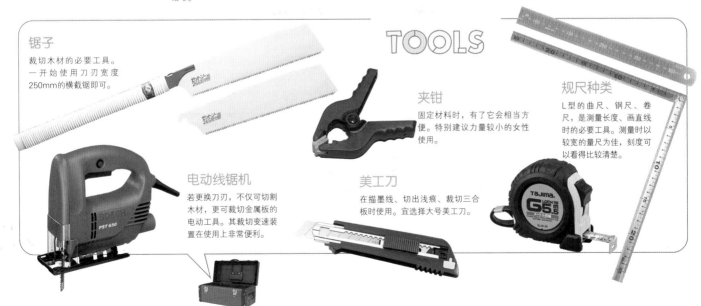

TOOLS

锯子
裁切木材的必要工具。一开始使用刀刃宽度250mm的横截锯即可。

夹钳
固定材料时，有了它会相当方便。特别建议力量较小的女性使用。

规尺种类
L型的曲尺、钢尺、卷尺，是测量长度、画直线时的必要工具。测量时以较宽的量尺为佳，刻度可以看得比较清楚。

电动线锯机
若更换刀刃，不仅可切割木材，更可裁切金属板的电动工具。其裁切变速装置在使用上非常便利。

美工刀
在描墨线、切出浅痕、裁切三合板时使用。宜选择大号美工刀。

钻孔

先在木材上钻出榫眼，作为后来用铁钉或螺丝固定木材时用，大一点的洞孔则可用作抽屉或是门板的把手。钻孔作业种类繁多，手边备有电钻会比较方便。

钻榫眼

用锥子

为能将铁钉或螺丝成功钉入木材中，先用锥子在木材上钻出榫眼，可发挥极大作用。刀刃的形状则因用途而异。

1 用锥子钻榫眼时，先用铅笔在下方木材上作记号。以目测方式在木板厚度的正中央处作记号。

2 将铁钉固定在离木板侧边15mm处，先钻出一个小洞。

3 再用两手握住锥柄部位，在刚刚钻出的小洞上以搓揉的方式向下移动。榫眼要笔直，轴心不要偏离。

用钻头

使用电动钻头进行钻孔作业，非常轻松。在木工工作中，备有一把电动钻头极为方便。在家里进行木工作业时，建议使用带有装卸螺丝功能的电动螺丝起子。

·螺丝的榫眼

1 在木材上钉入铁钉或螺丝时，先画墨线，再用锥子轻钻出榫眼备用。

2 确认电钻呈垂直状态后再启动开关。使用 φ3mm的钻头钻出榫眼。

3 要用铁钉或螺丝将2片木板接合时，可请他人帮忙固定其中一片木板，即可同时在2片木板上钻孔。

·螺丝暗榫的榫眼

1 根据暗榫的深度，用胶带在钻头的刀刃部位固定，再作上记号。

2 钻洞时，榫眼深度以木材表面接触到电钻刀刃上粘贴的胶带为止。慢慢钻，不要操之过急。

3 如此一来，深度为木材厚度一半的榫眼即告完成。这种技巧可用于安装支撑木架用的暗榫榫眼。

TOOLS

锥子
钻洞的基本工具。刀刃前端的形状因用途而异。一般分为"四角锥"和"三角锥"。

凿子
在木材上凿洞或切削木材时使用的工具。若备有2~3把刀刃宽度不同的凿子，使用时会比较方便。

电钻
是能简单钻孔的电动工具。在使用上轻松方便的电钻种类为带电池的电钻。若还能带有螺丝起子功能的话会更好。

钻头
指的是电钻的刀刃。备有各种尺寸，若用作螺丝榫眼，则使用 φ3mm的钻头，用作暗榫的则用 φ9.5mm的钻头，此外再备有 φ10mm尺寸的钻头会更方便。

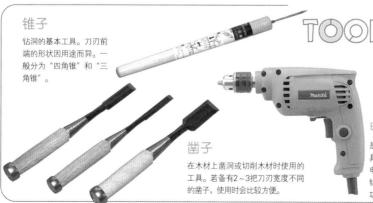

钻洞孔

用电钻

若要钻出洞孔约可伸入手指的大小，还是使用电钻最有效率。至于大一点的洞孔，在钻孔时很容易产生多余的毛边，建议使用右图的2种方法，就可避免发生。

A 首先用一般钻孔方式进行，由两侧以钻洞的方式向下方钻洞。

慢慢往下钻，待电钻的钻头微露出木板里层时停止，并将钻头拔出。

将木材翻面，把电钻刀刃前端对准之前微露出的洞孔正中央，再由里层向下钻。

B 利用废材的处理方法。把不要的木板垫在木材下方，将这2片木板牢牢压住，向下钻孔，一气呵成。

留在刀刃出口处的碎片即为多余的木材。可押住木板，再自里层进行反钻孔的方法，来防止木材多余边缘的产生。保持切口平整。

用电钻 + 凿子

若欲钻的洞孔是和电钻刀刃部分大小不一致的大型洞孔或四角形洞孔，则可以电钻加上凿子并用。

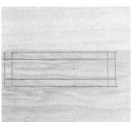

1 把要钻孔的面积画上墨线。周围部分以符合钻头圆径的大小画线。孔列稍微保持间隔，太过靠近容易失败。

2 以5mm的宽度沿着墨线顺利钻出洞孔。接着以稍微与紧邻洞孔重叠的位置继续剩余的钻孔工作。

3 用凿子沿着外侧的墨线雕出边形。

4 用砂纸将洞孔内侧磨平后，即完成可用作抽屉等使用的把手的四角洞孔。

用电钻 + 电动线锯机

要钻出木材边缘的圆孔时，可在电钻钻出的洞孔上加工完成。对于凿子操作不便的厚块木材或硬质木材，改用电动线锯机来切割洞孔则会比较容易。

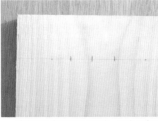

1 决定钻孔大小后画上墨线。墨线两端的位置为电钻的中央。

2 在画有墨线的位置上，使用 ϕ 24mm 的大口径钻头钻孔。

3 在两个洞孔的端点部分画上直线进行连接，作为电动线锯机的切割依据。

4 用电动线锯机沿着墨线直直切割，即可切落木材正中央残留的木块。

5 在圆棍上裹住一层砂纸，将切口处磨平。

6 这就完成了安装抽屉把手的洞孔。也可使用在四边钻出细小的洞孔，再将中央部分木材切落的方法。

自己动手做木架时，最能表现出原创风格的就是涂装工作。不同的漆料、漆色及完工后的做法，会让相同的木架产生截然不同的风格。此处介绍4种涂装方法。

木材磨光处理

砂纸

最方便使用的磨光材料。砂纸内侧的数字越大，表示使用的研磨纹路越细。砂纸的粗细根据欲磨光的材料或用法来选择。

削圆加工

1 在木块上裹以一层砂纸进行磨光工作。

2 沿着木材的纹路，均匀用力将角磨平。至于圆滑的程度则可根据作品内容而定。

整体磨光

1 整体磨光可按照顺序使用120号、180号的砂纸，最后的完工阶段再用240号的砂纸。

2 想要磨平木材边缘较细小的部分，可用较小的木块包裹砂纸使用。

保护木材

上蜡

上蜡可呈现木质的光泽，并有去水、除垢等特性，还能表现出木材纹路的风格。上蜡可用于家具维护，也可作为涂装使用。

1 蜡为凝固状态，因此可用破旧衣物蘸取上蜡即可。

2 以擦拭方式，在木材表面进行涂装工作。注意不要涂得太厚，薄薄一层即可。

3 等木材纹路清晰就大功告成了。

上油

上油是为呈现出木材自然的质感。不需涂抹，让油脂直接渗入木材内，不仅不会破坏木材特性，而且手感也很好。不过由于防水或防尘功能较差，所以请参考用途使用。

1 在刷子上蘸取适量油脂，涂上薄薄一层即可。木材一端可先留白，再开始涂，可让多余的油脂不容易滴落。

2 之后再由木材的另一端上油，最后顺便将刚才留白的部位涂好。注意要将刷子以直立方式涂抹。

3 把木材晾干30min，使油脂完全浸透木材，再以碎抹布把表面多余的油脂抹去。

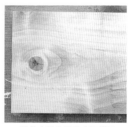

4 要使木材上的油脂干燥需要花点时间，自然干燥效果会比较好。

TOOLS

刷子

上涂料、上油或上清漆时使用。涂料选用硬度较强的刷子，清漆则用"斜纹刷"。

瓷砖黏合剂及勾缝剂

贴瓷砖时使用专用黏合剂，空隙部分则用勾缝剂补好。

各种涂料

若要作品完成后能表现出木材的纹路，并能充分上油或上蜡，则要选用水性涂料。

遮蔽胶带
（maskingtape）

避免涂装时在其它部位沾上漆料，贴上遮蔽胶带可达到保护效果。由于这种胶带黏合力不强，因此不会伤害木材表面的质地。

上色、呈现风格

着色剂 + 清漆

着色剂呈半透明颜色，可显现木材纹路之美。种类分为油性和水性。不过使用着色剂后容易掉色，一定要再加上一层清漆。

1 把蘸上着色剂的刷子，沿着木材纹路轻轻涂刷。

2 由于着色剂浸透及干燥的速度很快，涂好着色剂后，用碎布拭干。

3 将涂好着色剂的木材放上半天使其干燥，接着用砂纸磨光，使木材底色平均，再上清漆。

4 木材上的清漆干了之后，用砂纸将表面磨平，木头的质感会更加醒目。

5 着色剂的特点为展现出木材的仿古风格。着色剂有各种颜色。

※若同时涂上相同系统的油性着色剂与油性清漆，底层的着色剂则会溶出。各种漆料的相容性请在购买时加以确认！

水性漆

水性漆有许多颜色，充满丰富的色彩变化。用水稀释，使用方便，最适合用于木工工作。此处介绍的是用双层上漆方式做出带有仿古风格的作品。

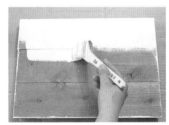

1 用等量的水稀释水性漆，再用刷子在木材截面涂上白色的漆。

2 在木材表层用刷子涂上白漆。若中途漆滴落，则立即用刷子涂匀。

3 涂料及其它漆料亦然，涂装重点皆为沿着木材纹路笔直上漆。

4 白漆干了之后，再用其它颜色重新上漆。此处选用蓝色。

5 用短刷毛的刷子上漆，可以漆出略带白色又有点模糊不清的作品。

6 蓝漆干了之后，再用美工刀将表面轻轻刮过，作品即可呈现陈旧褪色的风格。

7 检查作品整体的上色是否均匀，仔细将需要修改的部分把漆刮掉。

粘贴

瓷砖

只需在木架表面贴上瓷砖，即可产生丰富的效果。

1 在欲粘贴瓷砖的木材表面上用刮刀涂上专用黏合剂，同时记得进行木材周围的保护工作。

2 在涂好黏合剂的表面贴上瓷砖。直接贴瓷砖时，使用上面带有一层贴纸的瓷砖会比较方便。

3 一面用手调整粘贴位置，一面将瓷砖与木材表面紧密粘合。

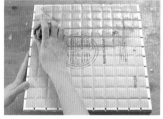

4 确定位置后，用海绵或布蘸水将瓷砖表层的贴纸涂湿。

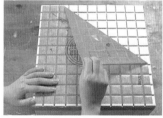

5 全部贴满后，慢慢将瓷砖上的贴纸撕下来，并花上一天时间使贴好的瓷砖完全干燥。

6 把勾缝剂或是接缝水泥拌成一定硬度后，在瓷砖涂上较多的量。

7 用橡皮抹刀把瓷砖接缝的空隙处用勾缝剂填满。所有瓷砖部分都以同样的填缝方式进行。

8 待瓷砖所有的接缝都填满后，将表面上多余的勾缝剂用抹刀抹去。

9 最后将残留在表面上的勾缝剂，用干碎布小心抹去，使其干燥后即告完成。

布

在木板贴上布料即能重新打造木板的风格。可自由选择喜欢的颜色和图案进行粘贴，在制作过程中也会充满乐趣。此技巧若能熟练，日后也可应用在其它的家具制作上。

1 比粘贴部位略大的面积剪布备用。

2 用2倍的水稀释木工专用黏合剂，并用刷子在布料粘贴的表面均匀涂上黏合剂。

3 在木材边缘的布料贴好后容易脱落，涂上黏合剂时应小心留意。

4 涂好后立即把布贴上。贴得太慢黏合剂会干掉，这点应该特别注意。

5 用手掌将布贴平，不要在里面留有空气，可用拍打的方式将布贴平。

6 最后将多余的布用美工刀切去后即告完成。

木材与木材接合时，若考虑到强度，应用螺丝将其固定。
表面看得到的螺丝头部分则埋入暗榫。铁钉可用于放置轻巧物品的小型木架上。

木材与木材接合

螺丝 + 暗榫

一般制作木架时，木材与木材之间的接合用螺丝固定，螺丝头的部分再埋入木制暗榫。木制暗榫虽可由市售购得，但建议使用圆棒会比较省钱。若采用不同颜色的圆棒，则可在木架上凸显其特点，也是很不错的主意。

1 先钻出暗榫用的榫眼，再在榫眼中央钻出螺丝用的榫眼。

2 在榫眼的位置埋入螺丝。螺丝头不留在木材表面，而是埋在榫眼中。

3 适合榫眼大小的圆棒直径为10mm尺寸为佳。先用砂纸将圆棒的一端磨圆。

4 在装入暗榫的榫眼内注入少许木工用黏合剂。

5 将圆棒磨圆的一端插入榫眼内，并自上端用锤子敲入。

6 溢出木材表面的黏合剂用湿布或牙刷等工具去除。

7 用锯子把多余的圆棒切除。

8 在切除的表面用砂纸磨平。可用砂纸包裹木片进行磨光。

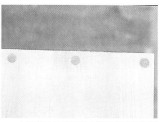

9 木材表面与暗榫都光滑平整后即告完成。

辅助板 + 螺丝

制作门板或面板时，把较窄的木材拼接起来，做成较宽的木材，即为处理技巧。仅需简单用黏合剂和螺丝固定，就可制成大块的木板。

1 拼接木板所使用的辅助板为宽度30～50mm的木材。厚度与木板相同。首先涂上黏合剂。

2 在欲拼接的木板反面放上做法1中的木板，一块木板约放上2片辅助板，并用螺丝固定。

3 做成大块的木板。若辅助板为设计的一部分时，应该从反面埋入螺丝。

铁钉或螺丝

木材与木材接合时，可使用铁钉敲入或者是用螺丝埋入的方法。最适合用于木材接合时的螺丝长度为木材厚度的2～3倍。

使用锤子时，握住柄部后端的部位，钉入的速度会比较快，也比较省力。

锤子

也叫做榔头。制作方法和使用方法都非常简单，以下挥的冲击力钉入铁钉。

TOOLS

木工用黏合剂

黏接木材时，可达到辅助的效果。如果可以，可试着把每个拼接面都涂上黏合剂。

制作木架的基本知识

木架的构造与各部位名称

最简单的木架是用相同宽度的木板组成箱子，内层再用层板间隔，如下图所示。若再附有背板，则在构造上会更为牢固。若不组成木柜而加上脚架时，四角的角板可用2片木板做成板脚，这种结构会比较稳定。但不论哪种设计，脚架与整体木架皆不能分开，需将层板紧紧钉牢，并装上横木，才是必要之策。以这种形状为基准，进而改动尺寸或设计，则可做出各式各种的木架。

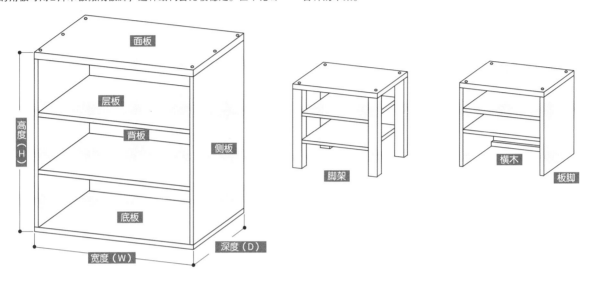

制作木架的程序

1. 决定放置场所及尺寸

能做出完全符合放置场所大小的木架，可说是自制木架的优点。制作前先测量放置场所的面积（宽度和深度）。高度应考虑使用方便或设计，再根据个人喜好决定尺寸。实际木架的尺寸要比放置场所的面积小一圈左右（10~20mm），也就是木架周围需保留部分空间。以市售材料的尺寸为基准，各边裁切的尺寸以900mm、450mm、300mm为主，即可直接使用购得的木材，省去裁切的手续。

2. 调整尺寸

本书介绍的木架会因放置场所面积不同而有必要改变尺寸。在此介绍几种简单的尺寸改变方法。

●改变宽度
放置场所两侧若为墙壁或家具，则必须改变木架的宽度。改变宽度时，为符合插图B中的尺寸，宜改变面板及底板的宽度。层板B'的宽度会变成（B尺寸－侧板的厚度×2）。

●改变高度
改变木架的高度时，以改变图中侧板A'的长度为主。以图中的木架构造而言，在A'的高度上，加上地板及底板的厚度，整体高度即变成A，而根据面板和底板的装置方法，也可直接把侧板维持这样的高度。

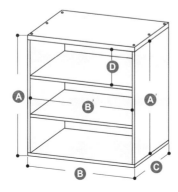

●改变深度
改变木架的深度时，要将所有木板的尺寸皆作改动。若只是将木板组合成简单的木架时，则只需单纯改变所有木板的宽度即可。木板宽度根据制作木架所用的松木组装材料而定，经常使用的宽度为200mm、250mm、300mm、350mm及450mm。深度的设定以符合木板的宽度为主。

●改变层板的位置
根据放置物品的内容，而有必要改变层板的位置、增加或减少层板的数量。决定放置内容后，把物品高度再加上3~5cm则为层板的实际高度。此时并非根据材料的尺寸，而是根据安装的位置而改变。之后若考虑更换放置物品，则建议安装移动式的层板为宜。

3. 画设计图及取材图

决定木架的形状及尺寸后，开始画设计图。以自第36页起的设计图为基准，并写下改动的部位及尺寸。此时若未精准确定螺丝安装的位置，则组装前画墨线及钻榫眼的工作皆无法完成，故请务必留意。画好设计图后，接着画取材图。不妨调查一下市售的木材尺寸，如此更能有效取材，是为要点所在。也可参考想制作的木架，画出取材图，再改动尺寸，如此一来事前准备工作就会轻松许多。此外，还有根据尺寸的改动方法，而必须更换所选木材的情况。

4. 制作

即使改动木架尺寸，组装的方法依然不变。根据各种作法的顺序组装木架。由于根据木架种类，一旦改变制作步骤，可能无法进行接下来的安装工作等，因此应先阅读制作步骤、想象组装的顺序，再着手进行制作，是成功制作木架的诀窍。

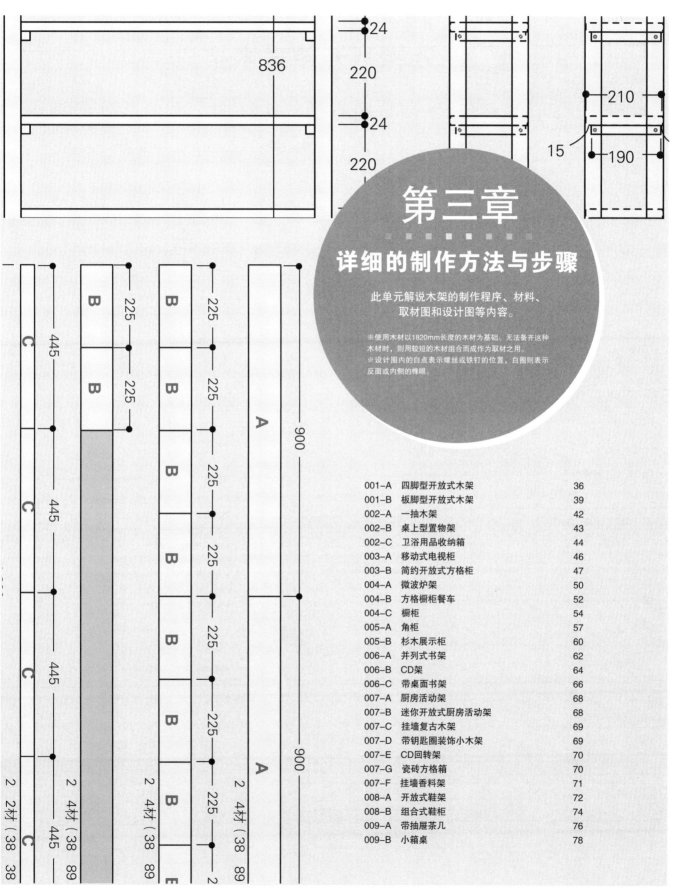

836

24

220

24

220

210

15 190

第三章

详细的制作方法与步骤

此单元解说木架的制作程序、材料、取材图和设计图等内容。

※使用木材以1820mm长度的木材为基础。无法备齐这种木材时,则用较短的木材组合而成作为取材之用。

※设计图内的白点表示螺丝或铁钉的位置,白圈则表示反面或内侧的榫眼。

900

900

B 225 225

B 225

B 225

B 225

B 225

B 225

B 225

B 225

A

A

445 445 445 445

C C C C

2 2材(38 38

2 4材(38 89

2 4材(38 89

2 4材(38 89

001-A 开放式木架
四脚型开放式木架

（组装图）

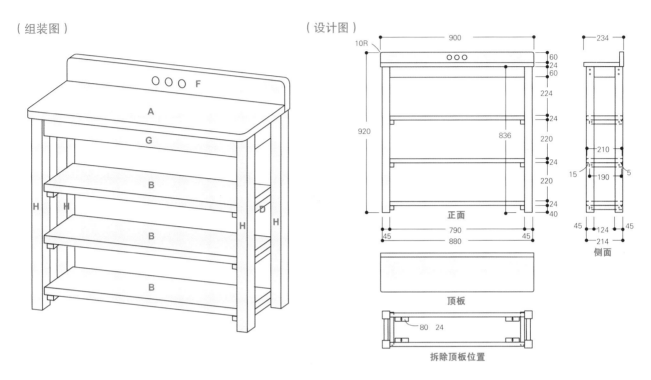

（设计图）

正面

顶板

拆除顶板位置

侧面

（取材图）

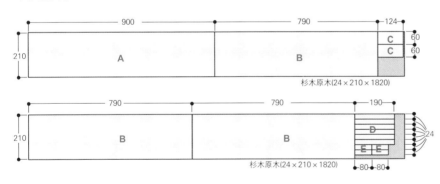

杉木原木(24×210×1820)

杉木原木(24×210×1820)

杉木原木(24×210×910)

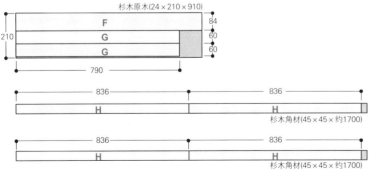

杉木角材(45×45×约1700)

杉木角材(45×45×约1700)

（材料）

- 杉木原木（厚24mm×宽210mm×长1820mm）→2片
- 杉木原木（厚24mm×宽210mm×长910mm）→1片
- 杉木椿用角材（45°×约1700mm）→2根
- 螺丝（75mm）→12个
- 螺丝（41mm）→31个
- 木工用黏合剂
- 喷漆（铁锈色）
- 亚麻仁油（WatcoOil）（透明）

（工具）

- 电动螺丝起子（钻头φ3mm、φ21mm）
- 锯子
- 砂纸（120号、180号、240号）
- 刷子
- 碎布
- 若备有刨子或电动线锯机更佳

（做法）

准备

1 裁切木材

按照取材图裁切木材。

2 在材料上画墨线

在脚架H前后左右的层板B、横木C、G的安装位置作上记号。由于层板为固定式装置，可依收纳物品的大小而设定。此处的层板间隔设定为220～24mm

3 钻榫眼

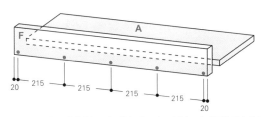

（1）在脚架H的螺丝位置上用 φ 3mm的电钻（以下皆为同样尺寸的电钻）钻出榫眼。每根脚架安装2片木板（横木C、G），将其螺丝的位置稍微错开，配置方式为在较短的横木C的侧边中央埋入1个螺丝，而在较长的横木G侧边两端埋入2个螺丝。

（2）面板后的装饰板F自后侧5处固定。测量尺寸后再自后方钻入榫眼。

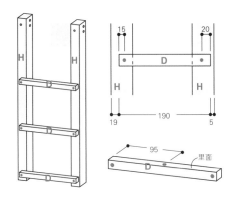

（3）支撑层板的细材D，是由后面安装，请参考本图位置，在H与D的木材处钻入榫眼。最下层的层板是作为支撑的固定装置，因此在正中央钻出固定用的榫眼。

4 螺丝头的涂装工作

当螺丝为整体设计的一环时，这个木架在制作上并无需要将螺丝头埋入木材内。为使木架中的螺丝不要过于醒目，可以将螺丝头喷漆上色备用。此处使用的是铁锈色喷漆，但也可根据个人喜爱选择用色。

组装

5 接合脚架与横木

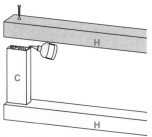

接合处涂上木工用黏合剂，并用螺丝（75mm）固定。另一侧也一样，接着把2根H脚架装在横木C两端。

6 接合支撑材

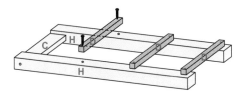

在榫眼位置，将层板支撑材D分别在3处用螺丝（41mm）固定。最下层的木材中央处的榫眼部分，则以朝内侧方向安装。做法5和6的作业内容一样用于反方向的脚架上，做成2根左右对称的脚架。

7 组装脚架

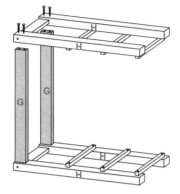

2根脚架以横木G连接，再将4根脚架都接好。榫眼位置各用2个螺丝（75mm）固定。反方向的部分亦然。

8 接合层板

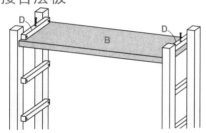

固定最下层的层板。把层板B放在最下层的支撑架上，接着把木架翻过来，并在支撑架的中央把螺丝（41mm）埋入榫眼。请注意将脚架前面与层板前面对齐。在把木架翻过来之前，宜先用牛皮纸胶带暂时固定，这样不会偏离。

9 制作面板

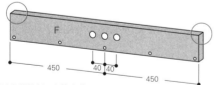

(1)在装饰板F上钻出装饰洞孔（较大洞孔的钻法参阅第29页）。洞孔大小可根据个人喜好设计，但此处钻出的 φ21mm 洞孔位于板宽正中央与其左右各40mm处。

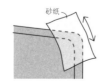

(2)在装饰板F的上角和面板的前角以刨子或砂纸磨出较大的削圆面积。想磨出较大的边角圆弧也可使用电动线锯机。

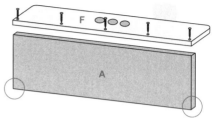

(3)在面板A上安装装饰板F，并在榫眼位置用螺丝（41mm）固定。

10 接合面板支撑材

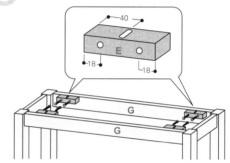

(1)把支撑面板的E材安装在4处。横木G用螺丝固定(41mm)，上部（面板那一面）并贯穿安装面板用的榫眼。此处使用的杉木为原木材质，多少会产生收缩现象，榫眼部分以3个电钻洞孔的长度钻好备用。

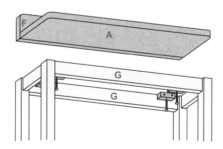

(2)自（1）中支撑材E的内侧将面板A用螺丝固定。再由深的榫眼处朝面板方向用螺丝（41mm）固定。

11 完成

(1)木材角部的削圆加工及砂纸磨光的整体作业，最好在组装前进行。用120号的砂纸把角削圆，整个木架则用120号、180号的砂纸磨光，最后再用240号的砂纸完工。
(2)用刷子蘸油将木架上油，放置一段时间后再用碎布擦拭。若在意木材表面会起毛，则改用防水砂纸（1000号）完工。
(3)最后将层板装好即告完成。

开放式木架

板脚型开放式木架

（组装图）　　　　　　　　　　　　　　　（设计图）

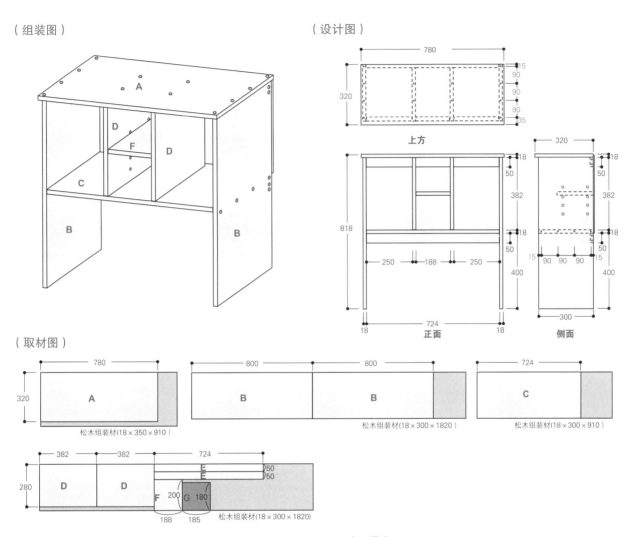

上方

正面　　　　　　　侧面

（取材图）

松木组装材（18×350×910）

松木组装材（18×300×1820）

松木组装材（18×300×910）

松木组装材（18×300×1820）

（材料）

· 松木组装材（厚18mm×宽350mm×长910mm）→1片
· 松木组装材（厚18mm×宽300mm×长1820mm）→2片
· 松木组装材（厚18mm×宽300mm×长910mm）→1片
· 椴树三合板（厚6mm×宽450mm×长910mm）→1片
· 暗榫用圆棒（φ10mm×长900mm）→1根
· 螺丝（30mm）→28个
· 铁钉（19mm）→10个
· 木工用黏合剂
· 水性漆（白色）

《搭配选择材料》

· 松木组装材（厚18mm×宽250mm×长910mm）→1片
· 松木组装材（厚14mm×宽200mm×长910mm）→1片
· 椴树三合板（厚4mm×宽300mm×长300mm）→1片
· 把手（根据个人喜好选择）→1+2个
· 合叶（长50mm/白色）→2对4个
· 磁铁夹→2个

（工具）

· 电动螺丝起子（钻头φ3mm、φ10mm）
· 锯子
· 砂纸（120号、180号）
· 刷子
· 碎布

（预备工作）

(1)按照取材图裁切木材。
(2)将木板与木板接合处及螺丝的位置画上墨线，并在螺丝位置钻出榫眼及埋入暗榫的榫眼（参阅第28页）。

●钻有榫眼的木板

· 榫眼及暗榫榫眼→面板A、侧板B
· 榫眼→层板C、横木E
· 暗榫榫眼→隔板D

1 组装外框

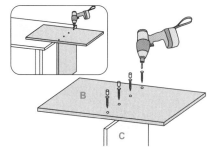

(1)接合侧板B与底板C。由于材料面积较大，可利用桌侧的部位作为支撑较易进行。

(2)同样安装反方向的侧板。

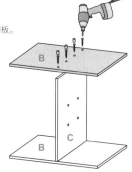

2 安装面板

由于面板面积比本体大，因此调整左右两侧与本体及中央对齐的位置，前后则与背面对齐安装。

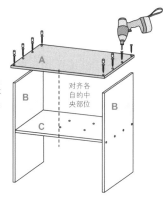

3 安装横木

接合横木E与木架本体。连接面板A和底板C的部分涂上木工用黏合剂，接着各自侧板2处用螺丝固定。

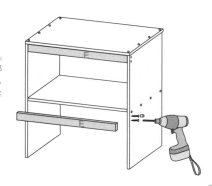

4 钻出暗榫榫眼

隔板D按照图中尺寸钻入榫眼，安装（参阅下方的图框）支撑暗榫的金属零件阳螺丝（外螺纹为阳螺丝，内螺纹为阴螺丝）。

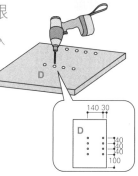

5 内部制作

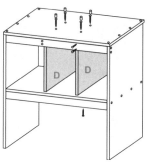

在本体木架安装隔板D，并把暗榫榫眼钻在内侧。再将横木、面板与底板每处各用2个螺丝固定。

6 把全部螺丝埋入暗榫
（参阅第33页）

Lesson ①

层板的装置方法
~支撑层板的暗榫篇~

在层板的装置方法中，最常用的轻松方法就是使用支撑层板的暗榫。即使安装起来有点麻烦，却能简单更换层板的位置，这点可说是最便利的一点。至于专用金属零件方面（见右上图），则有阳螺丝和阴螺丝，安装结构为：把阴螺丝的金属零件按照5cm左右的间隔安装在侧板上，接着在放置层板的位置上再装上阳螺丝。用于金属零件阴螺丝的榫眼钻法，与木螺丝用的榫眼钻法相同。这些金属零件皆可在居家装饰建材城购得。一般使用的阴螺丝金属零件尺寸为φ8mm。

7 安装背板

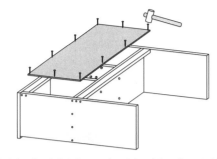

把背板K接到本体木材上。面板、底板和侧板的截面则用铁钉固定。

8 完成

（1）用砂纸（120号）把木材截面周围削圆。松木组装材的表面原本就已相当平整，若对此部分不太在意，也可省略木材整体的磨光作业。若有必要，则以180号和240号的砂纸将木材整体磨光。

（2）用水性漆进行涂装（参阅第31页）。若想展现木材纹路的特色时，可把漆用2倍的水稀释，再以刷子上漆后用碎布擦拭。

搭配制作—B-a　迷你抽屉

（做法）

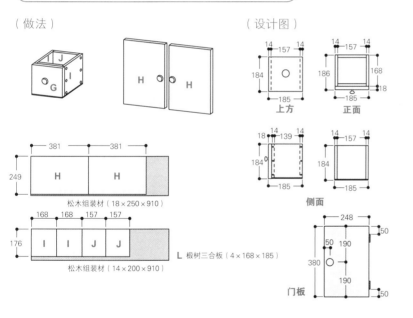

（设计图）

松木组装材（18×250×910）

松木组装材（14×200×910）

L 椴树三合板（4×168×185）

上方

正面

侧面

门板

（做法）

1　前板G在组装前先进行涂装，并在喜好的位置上（此处为中央）安装把手。

2　把木板J和I组成箱型。接着把2片J板直立并排，再从上面放置I板，每处在3个位置用螺丝固定。螺丝的部分是否埋入木制暗榫，可根据个人喜好而定。

3　箱子内侧用铁钉将椴树三合板的底板接合。

4　把涂装完毕、装好把手的前板G，与箱前的部分对齐，再自箱子内侧用螺丝固定。

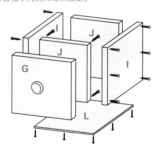

搭配制作—B-b　简单门板

（做法）

1　在按照尺寸裁好的层板上涂装后备用。

2　安装把手。

3　"在外侧靠边处安装合叶。安装位置为离木板上下侧各5cm处，由于此处安装的合叶处于显眼位置，故可选择适合上漆颜色的合叶（此处为白色）或是有设计感的合叶。

4　若将合叶安装在木架本体中侧板B前侧的截面处，则可完成门板的设置工作。门板是以里外开启的形式安装，故若安装时过于吃力，则用砂纸将截面磨平略作调整。

5　在门板的内侧安装磁铁夹。

002-A 窄型木架
一抽木架

（组装图）

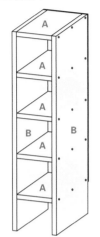

（设计图）

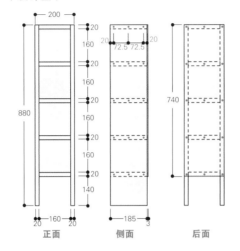

正面　　　侧面　　　后面　　　上方

（取材图）

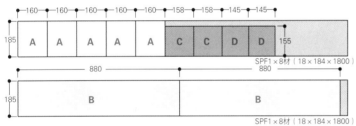

E 椴木三合板（3×200×740）
F 椴木三合板（3×185×158）

（材料）

- SPF1×8材6尺（厚18mm×宽184mm×长1800mm）→2片
- 椴木三合板（厚3mm×宽450mm×长900mm）→1片
- 螺丝（65mm）→30+12个
- 铁钉（19mm）→19个
- 暗榫用圆棒（φ10mm×长900mm）→1根
- 木工用黏合剂
- 水性漆（白色）

（工具）

- 电动螺丝起子（钻头φ3mm、φ10mm）
- 美工刀
- 锤子
- 刷子
- 碎布
- 砂纸（180号）

（预备工作）

(1) 按照取材图裁切木材。
(2) 将木板与木板拼接处及螺丝的位置画上墨线，并在螺丝位置钻出榫眼及埋入暗榫的榫眼（参阅第28页）。

● 钻有榫眼的木板
- 榫眼及暗榫榫眼→侧板B、抽屉的前后板C
- 铁钉榫眼→侧板B的背面、抽屉的内侧

（做法）

1 安装本体

(1) 将层板A并排，并在上面放置侧板B，榫眼位置则用螺丝固定。另一侧的侧板B也以同样方式安装。

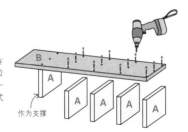

作为支撑

2 处理螺丝榫眼

把侧板B的榫眼全部埋入螺丝（参阅第33页）。

3 安装背板

按照尺寸裁切的背板E朝层板的截面方向，每处在2～3个位置用铁钉固定。接着磨光、涂装即告完成。

搭配制作-A-a 万用抽屉

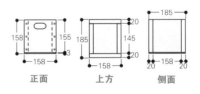

正面　　　上方　　　侧面

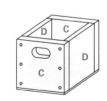

1
把作为前板的C板钻出把手用的洞孔。可参考图中位置，使用φ24mm的钻头钻出2个洞孔，中间部分再用电动线锯机或线锯机切落（参阅第29页）。

2
把4片C板、D板组合好。螺丝则埋入暗榫。

3
安装底板。把尺寸吻合的三合板用螺丝或铁钉固定。

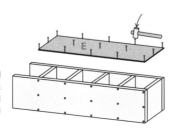

002-B

窄型木架

桌上型置物架

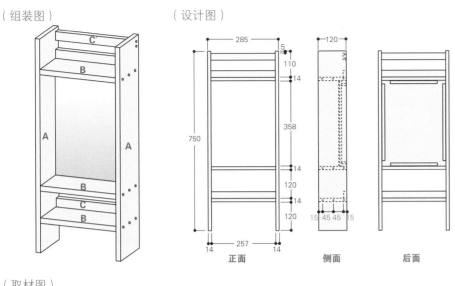

（组装图） **（设计图）**

正面　　　侧面　　　后面

（材料）

- 柳安木木材（厚14mm×宽120mm×长1820mm）→1片
- 柳安木木材（厚14mm×宽120mm×长1200mm）→1片
- 柳安木三合板（厚3mm×宽300mm×长450mm）→1片
- 镜子（254mm×355mm×厚5mm）→1面
- 暗榫用圆棒（φ10mm×长900mm）→1根
- 螺丝（32mm）→54个
- 附海绵双面胶
- 木工用黏合剂
- 亚麻仁油（Watco Oil）（桃花心木色）

（工具）

- 电动螺丝起子（钻头φ3mm、φ10mm）
- 锤子
- 刷子
- 碎布

（预备工作）

(1)按照取材图裁切木材。可以利用店里的代客裁切服务。

(2)将木板与木板拼接处及螺丝的位置画上墨线，并在螺丝位置钻出榫眼及埋入暗榫的榫眼（参阅第28页）。

- ●钻有榫眼的木板
- 榫眼及暗榫榫眼→侧板A
- 榫眼→层板B、细材D、E

（取材图）

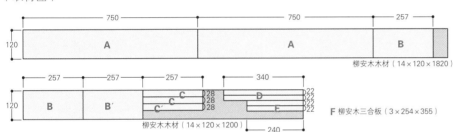

柳安木木材（14×120×1820）

柳安木木材（14×120×1200）

F 柳安木三合板（3×254×355）

（做法）

1 制作层板

在层板B安装背面的挡板C。由内侧朝C板的截面方向用螺丝固定。以此制作2个相同的组装层板。

2 组装本体

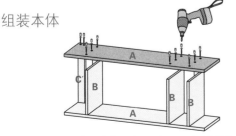

拼接做法1中的组装层板和未装上挡板的层板B以及上方的横木C与侧板A。侧板的螺丝部分埋入木制暗榫（参阅第33页）。

3 制作镜子部分

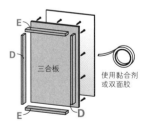

三合板

使用黏合剂或双面胶

(1)在与镜子同样大小的三合板上安装4根细材D、E。并在三合板的反面用附加的双面胶或黏合剂把镜子贴上。此处宜使用强度较高的胶带或黏合剂。

(2)把(1)放入本体木材中，并从细材D、E侧用螺丝将其固定在侧板A上。

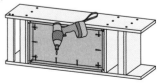

4 完成

(1)木架各角尽可能削圆加工。侧板上方的前角部分也可以用电动线锯机切成圆形。

(2)涂装工作则在安装镜子之前进行。上油后放置一段时间，再用碎布擦拭即告完成。

卫浴用品收纳箱

（组装图）

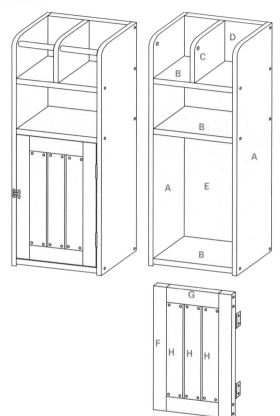

（设计图）

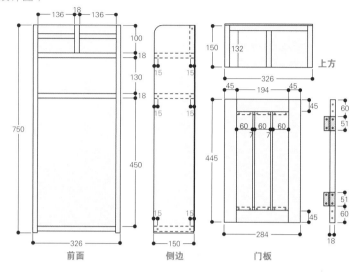

前面　　　　侧边　　　　门板

（取材图）

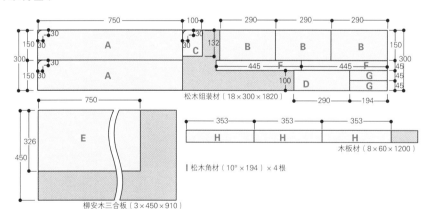

松木组装材（18×300×1820）

松木角材（10°×194）×4根

柳安木三合板（3×450×910）

木板材（8×60×1200）

（材料）

- 松木组装材（厚18mm×宽300mm×长1820mm）
  →1片
- 松木角材（10°×900mm）→1根
- 松木板材（8mm×60mm×1200mm）→1片
- 柳安木三合板（厚3mm×宽450mm×长910mm）
  →1片
- 合叶（长51 mm/黑色）→2个
- 把手（根据个人喜好选择）→1个
- 卷筒卫生纸卷轴（长136mm）→2个
- 螺丝（32mm）×20个
- 暗榫用圆棒（φ10mm×长900mm）→1根
- 黄铜钉（19mm）→24根
- 水性漆（白色亮光面漆）

（工具）

- 电动螺丝起子（钻头φ3mm、φ5.5mm、φ10mm）
- 电动线锯机
- 圆规
- 砂纸（120号）
- 锤子

（预备工作）

(1)按照取材图裁切木材。

(2)将木板与木板拼接处及螺丝的位置画上墨线，并在螺丝位置钻出榫眼及埋入暗榫的榫眼（参阅第28页）。

- 钻有榫眼的木板
- 榫眼及暗榫榫眼→侧板A、门框F
- 榫眼→侧板B、背板D
- 把侧板A和隔板C钻出卫生纸卷轴用的洞孔（深7mm左右）。

(3)把隔板C和侧板A上方的前角用电动线锯机进行削圆加工。

〔做法〕

1 组装卫生纸支架部分

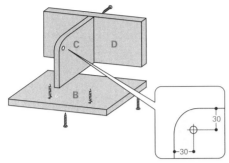

隔板C由后方与背板D对齐，用螺丝〔32mm〕在2处固定后，与层板B接合。并由层板B内侧用螺丝固定。螺丝部分也可不用埋入暗榫。注意各个木材应以直角的角度接合。

2 组装本体

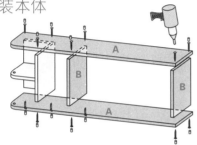

把做法1中已组好的卫生纸支架与中央、下层的层板并排，并与侧板A拼接。每片木板在离各端15mm的位置分别用螺丝在2处地方固定。将2片侧板装好后，螺丝的部分全部埋入暗榫〔参阅第33页〕。

3 安装背板

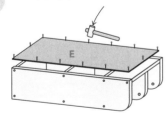

把背板自本体内侧用铁钉固定。侧板A的截面、背板D的内侧和底板B的截面均朝四方，每一边各在2～3处将其固定。

4 组装门板

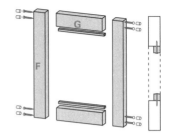

（1）用螺丝〔65mm〕接合门框F和G，并自木材F外侧、朝木材G的截面，各在2处用螺丝固定，全部完成后再埋入木制榫眼〔参阅第33页〕。之后把角材I与木材G的内侧后面对齐，并用铁钉接合。

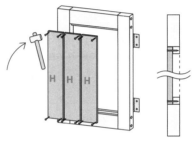

（2）在用铁钉固定的角材上，安装门板的前板H。长度与门框的尺寸调整好后裁切，并把3片木板以稍微留有空隙的方式排列。由于铁钉自上方钉入，故此处使用木架做好后即为醒目的黄铜钉。

5 安装门板

在门板上安装合叶并装置于本体后即告完成。

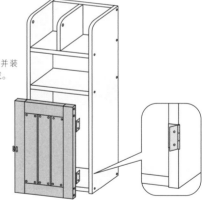

6 完成

在门板上安装金属零件前，宜先进行本体及门板的削圆加工以及涂装工作。

003-A 矮柜
移动式电视柜

（组装图）

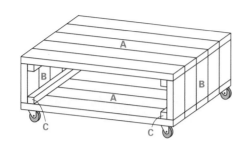

（设计图）

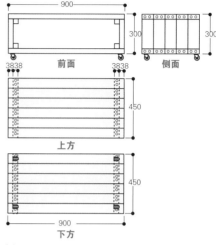

900	300
300	
3838 前面 3838	侧面
450 上方	
900 下方 450	

（取材图）

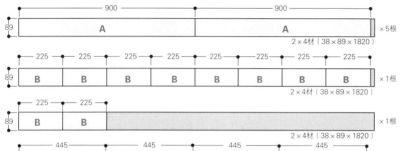

- 900 900 ×5根 A A
  89 — 2×4材（38×89×1820）
- 225 225 225 225 225 225 225 225
  89 — B B B B B B B B ×1根
  2×4材（38×89×1820）
- 225 225
  89 — B B ×1根
  2×4材（38×89×1820）
- 445 445 445 445
  38 — C C C C ×1根
  1820
  2×2材（38×38×1820）

（材料）

- SPF2×4材6尺（厚38mm×宽89mm×长1820mm）→7根
- SPF2×2材6尺（厚38mm×宽38mm×长1820mm）→1根
- 脚轮（高90mm/带螺丝）→4个
- 木工用黏合剂
- 螺丝（65mm）→80个
- 水性漆（白色、黑色）

（工具）

- 电动螺丝起子（钻头 φ 3mm）
- 刷子
- 碎布
- 砂纸（120号）

（预备工作）

(1)依照取材图裁切木材。
(2)将木板与木板拼接处及螺丝的位置画上墨线，并在螺丝位置钻出榫眼及埋入暗榫的榫眼（参阅第28页）。
- ●钻有榫眼的木板
- ·榫眼→横木C

（做法）

1 连接木板

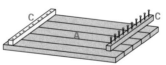

把5片作为面板和底板的材料A并排，并自内侧把2片作为横木的木材C用螺丝固定。木材C安装在木材A截面处厚度（38mm）部分的内侧。以1片木材使用2根螺丝、每一侧用10个螺丝的方式固定。木材与木材之间则用木工用黏合剂黏合。

2 组装木箱

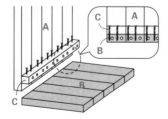

(1)把5片作为侧板用的木材B并排，与木材A垂直，在C处用螺丝固定后组成木箱。至于横木C，由于埋入许多螺丝，埋入时在各个位置宜保持适当间隔。

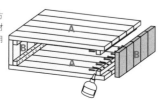

(2)所有的材料以同样方式连接。此时各种木材之间的空隙使用木工用黏合剂黏合。

3 安装脚轮

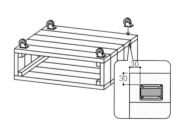

请准备承载质量超过50kg以上的脚轮。将其安装在木箱内侧的四角。安装位置虽可根据个人喜好而定，但从各端3～4cm处的位置安装，作品完成后会非常美观。

4 完成

(1)由于针叶树木材（云杉、松树、冷杉）已经过削圆加工，故仅在裁切的部位稍微用砂纸（砂纸120号）磨光即可。
(2)在安装脚轮之前，宜先用水性漆进行涂装。此处是将整体漆上白色，而在截面部分涂上浅灰色（将白色与黑色混合）。

矮柜
简约开放式方格柜

（设计图）

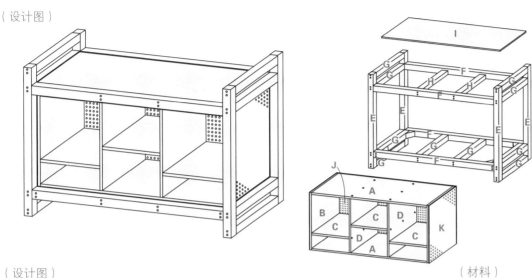

（设计图）

上方

1200
450
5050 295 50 310 50 295 5050

下方

1200
5050 295 50 310 50 295 5050

前面

1100
10 30 10
100
50
18
800
18
116
18
50
100
18 343 18 342 18 343 18
220.5
18
220.5

侧面

450
50 50 50
15 25 15
500
50 50 50

（材料）

· 松木组装材（厚18mm×宽400mm×长1820mm）
　→2片
· 松木组装材（厚18mm×宽400mm×长1200mm）
　→2片
· 松木角材（厚50mm×宽50mm×长1820mm）
　→8根
· 多孔板（厚5mm×宽910mm×长1820mm）
　→1片
· MDF密集板（厚5.5mm×宽910mm×长
　1820mm）→1片
· 螺丝（45mm）→42个
· 螺丝（65mm）→74个
· 暗榫用圆棒（φ10mm×长900mm）→1根
· 木工用黏合剂
· 水性漆（白色）
· 油（上油涂装用──透明）

（工具）

· 电动螺丝起子（钻头φ3mm、φ10mm）
· 锤子
· 砂纸（180号、240号）
· 刷子
· 碎布

预备工作

(1)按照取材图裁切木材。

(2)将木板与木板接合处及螺丝的位置画上墨线，并在螺丝位置钻出榫眼及埋入暗榫的榫眼（参阅第28页）。

●钻有榫眼的木板

· 榫眼及暗榫榫眼→框板E、F、隔板B、D
· 榫眼→层板的面板和底板A、层板的侧板B

（取材图）

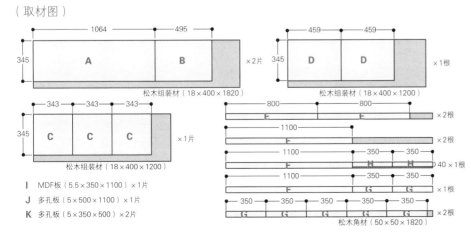

1064　495
345　A　B
×2片
松木组装材（18×400×1820）

459　459
345　D　D
×1根
松木组装材（18×400×1200）

343　343　343
345　C　C　C
×1片
松木组装材（18×400×1200）

800　800
E　E
×2根

1100
F
×2根

1100　350　350
E　H　H
40×1根

1100　350　350
F　G　G
×1根

350　350　350　350　350
G　G　G　G　G
×2根
松木角材（50×50×1820）

I　MDF板（5.5×350×1100）×1片
J　多孔板（5×500×1100）×1片
K　多孔板（5×350×500）×2片

1 制作脚架

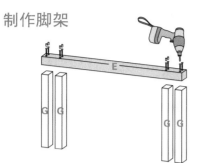

（1）把作为框的脚架以2根为1组做成2对。用螺丝（65mm）在角材E的两端安装角材G。安装1根角材使用2个螺丝。

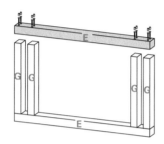

（2）反在另一侧同样安装角材E，以完成框型脚架的制作部分。以此制作2个相同的脚框。

2 制作底框

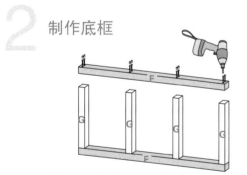

制作木架底部的底框。把角材F置于上下两侧，4根木材G分别安装于两端及内侧，组成框架。

3 制作上层框架

制作作为面板的框架。做法与做底框一样，在角材F上，用螺丝把2根角材H固定。这2种木材组好后，下端宜平整拼接。

4 组装框架

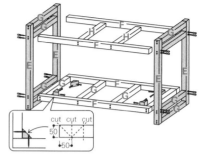

cut cut cut
50
50

把做法1的上下框及脚框组好。并自每根角材外侧各用2个螺丝（65mm）固定，在框底的四边装有作为加固用的角材，是使用剩余的木材做成的。

5 埋入暗榫

在组好的框架中，可由外观看见的螺丝榫眼全部埋入暗榫（参阅第33页）。至于里面看不到的部分则可不用埋入暗榫。

6 拼接层板

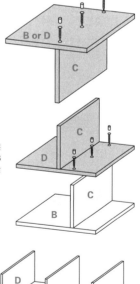

（1）制作安装于框内的木架。首先在侧板B或D上安装侧板C。螺丝的部分则埋入木制暗榫。将3片相同的层板根据个人喜好的高度进行安装。

（2）自T字形组成的木架一端依序组好。以侧板B位于木架两侧、侧板D作为内部隔板的方式安装。

（3）木架组合的顺序如图所示。若未自一端依序组合，则之后用螺丝固定时会非常不便，应该特别注意。

7 组装木架

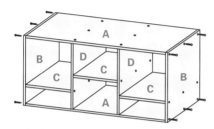

(1)在木架的上下部位安装面板和底板A。首先将其朝向隔板D的截面，并各在3处用螺丝（45mm）固定。

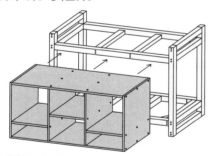

(2)将2片木板A装在木架的上下位置后，再由侧板B的部位朝向A的截面，各在3处用螺丝（45mm）固定。

8 拼接木架与框架

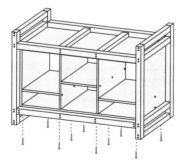

(1)将完成的木架装入先前已做好的框架中。要嵌入框架前，请先确认位置无误。

(2)决定正确的位置后，自木架内侧把框架与木架用螺丝（65mm）拼接。

9 拼接外板

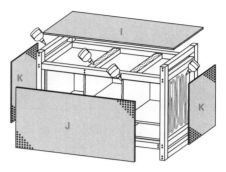

(1)把用MDF板做成的面板I贴于木架上方。框架的上部涂上木工用黏合剂，再自上方放置面板固定。

(2)各自用木工用黏合剂在侧面贴上多孔板K、在背面贴上多孔板J。最好等一个部位黏好并干燥固定后再进行下一个作业。

10 完成

(1)涂装作业宜在组好框架与木架之前进行。框架以原有的白木颜色进行上油涂装后即告完工。整个木架再用砂纸（180号、240号）磨光后，涂上清油完工。上油方式为涂匀后，将其放置一段时间，再以碎布擦拭，接着自上面再上一次油。

(2)层板部分则以白色的水性漆上色。为使内侧木架同样有漂亮的漆色，内侧木架和框架一样用砂纸磨光后，再用刷子上漆。若想要产生较深的漆色时，则采用重复上漆、薄层涂装的方式后，再以碎布擦拭即可。

厨房置物架
微波炉架

（组装图）

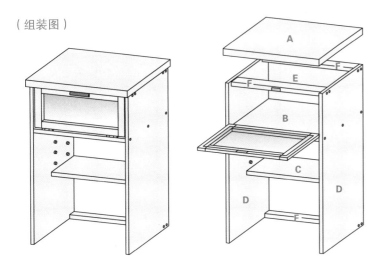

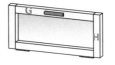

（材料）

· 松木原木（厚30mm × 宽300mm × 长450mm）→1片
· 松木横板材（厚18mm × 宽300mm × 长1820mm）→1片
· 松木横板材（厚18mm × 宽300mm × 长910mm）→1片
· 松木角材（厚15mm × 宽30mm × 长1200mm）→1根
· 椴木三合板（厚2.5mm × 宽300mm × 长450mm）→1片
· 亚克力板（厚5mm × 宽386mm × 长192mm）→1片
· 螺丝（35mm）→24个
· 螺丝（20mm）→10个
· 铁钉（20mm）→6个
· 暗榫用圆棒（φ10mm × 长900mm）→1根
· 层板支撑用暗榫（φ8mm）→阳螺丝暗榫4个、阴螺丝暗榫16个
· 合叶（长50mm·黑色/带螺丝）→2个
· 磁铁夹→1个
· 铁制把手（长100mm）→1个
· 水性漆（白色）

（工具）

· 电动螺丝起子（钻头φ3mm、φ10mm）
· 锤子
· 美工刀
· 刷子
· 碎布
· 砂纸（180号）

（设计图）

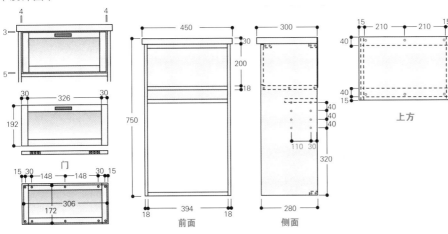

门

前面　　　側面　　　上方

（取材图）

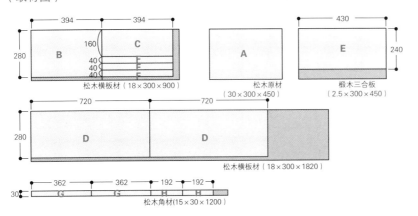

（预备工作）

(1)按照取材图裁切木材。

(2)将木板与木板接合处及螺丝的位置画上墨线，并在螺丝位置钻出榫眼及埋入暗榫的榫眼。

●钻有榫眼的木板

· 榫眼及暗榫榫眼→侧板D

· 榫眼→横木A

※把侧板D的内侧如图所示，钻出支撑木架用的暗榫榫眼。

(3)把作为门板用的木材G、H表面进行削圆加工。

(4)把亚克力板裁成192mm×386mm的大小。

（做法）

1 安装侧板

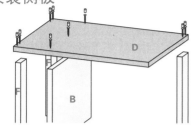

（1）拼接侧板D与中央层板B及3根横木F。并在层板B的3处各用1个、横木F的每一接合面各用2个螺丝（35mm）固定。

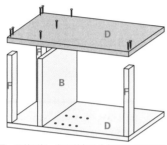

（2）安装另一面的侧板。螺丝的部分全部埋入木制暗榫。此处使用φ10mm长的圆棒（参阅第33页）。

2 安装面板

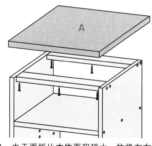

安装面板A。由于面板比本体面积稍大，故将左右部分朝中央、前后的后面部分与本体木架对齐放置，再由横木内侧用螺丝（35mm）固定。

3 制作门板

把作为门板的材料H、G翻过来排成四角，自放有亚克力板的上方用螺丝（20mm）固定做成门板。可参考lesson 3。

4 安装门板

用合叶连接中央的层板与门板，安装门板，并在门板上装入把手。

5 安装背板

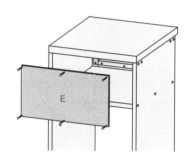

在上层层板的背面用铁钉连接背板E。若想把整个木架皆装上背板，则可使用430mm×750mm大小的木板。

6 完成

（1）整个木架用砂纸稍微磨光（180号），接着用大量水稀释成的白色水性漆上漆。一面用刷子上漆一面用碎布擦拭，只涂1次即可。
（2）把事先钻好、支撑木架用的暗榫榫眼装入阴螺丝暗榫，并在喜好的位置安装阳螺丝暗榫，以及装置层板C（参阅第40页）。
（3）在组装门板之前，最好先用砂纸磨光并进行涂装。

Lesson 3 窗户门板的制作及安装方法
~前开篇~

可看到内部陈设的带窗型门板，用亚克力板制作既简单又安全。门板的材料较薄时，则勿以木材零件固定，仅自内侧用亚克力板固定即可。

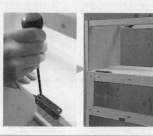

门板

将按照尺寸裁切的木材翻过来组成方框，并在材料的一端各钻出螺丝用的榫眼。接着在由上安装亚克力板的螺丝位置上记号，钻出比螺丝纹径1mm大的榫眼后，把材料用螺丝接合。在亚克力板上钻洞孔时，一般使用钻头即可。

安装

门板为前开式时，合叶要安装在门板的下方。在中央的层板与门板之间安装2片合叶，并在上方安装磁铁夹，门板外侧上方装上把手即可完成。

004-B

方格橱柜餐车

（组装图）

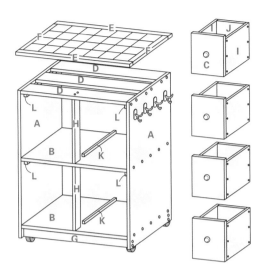

（设计图）

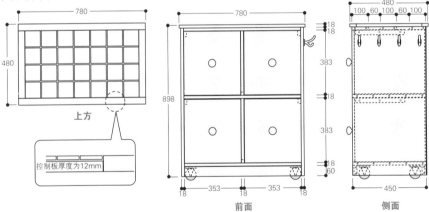

控制板厚度为12mm

上方

780

480

780

898

480

18
18
383
18
383
18
60

100 60 100 60 100

450

18 353 18 353 18

前面　　　　　　　　　侧面

（取材图）

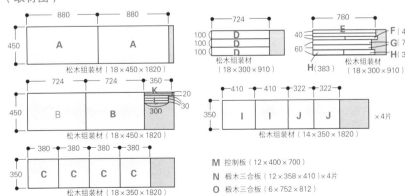

880　880

450　A　A

松木组装材（18×450×1820）

724　724　350

450　B　B
K
20
30
300

松木组装材（18×450×1820）

380　380　380　380

350　C　C　C　C

松木组装材（18×350×1820）

724

100　D
100　D
100　D

松木组装材
（18×300×910）

780

E
40　F（400）
G（724）
60　H（383）

H（383）

松木组装材
（18×300×910）

410　410　322　322

350　I　I　J　J　×4片

松木组装材（14×350×1820）

M　控制板（12×400×700）
N　椴木三合板（12×358×410）×4片
O　椴木三合板（6×752×812）

（材料）

- 松木组装材（厚18mm×宽450mm×长1820mm）→2片
- 松木组装材（厚18mm×宽350mm×长1820mm）→1片
- 松木层板材（厚18mm×宽300mm×长910mm）→2片
- 松木组装材（厚14mm×宽350mm×长1820mm）→4片
- 椴木三合板（厚6mm×宽900mm×长1820mm）→2片
- 椴木三合板（厚6mm×宽900mm×长900mm）→1片
- 柳安木三合板（厚12mm×宽450mm×长910mm）→1片
- 瓷砖（100mm角/白色）→28片
- 圆形把手（陶瓷制品/白色/带螺丝）→4个
- 挂钩（陶瓷制品/白色/带螺丝）→4个
- 螺丝（30mm）→146个
- 铁钉（20mm）→12个
- 暗榫用圆棒（ϕ10mm×长900mm）→1根
- 脚轮（高70mm/带螺丝）→4个
- 水性漆（白色）
- 瓷砖用黏合剂
- 瓷砖用勾缝剂

（工具）

- 电动螺丝起子（钻头ϕ3mm、ϕ10mm）
- 锤子
- 锯子
- 砂纸（180号）
- 刷子
- 碎布
- 橡皮抹刀

（预备工作）

(1)按照取材图裁切木材。

(2)将木板与木板接合处及螺丝的位置画上墨线，并在螺丝位置钻出榫眼及埋入暗榫的榫眼（参阅第28页）。

●钻有榫眼的木板
- 榫眼及暗榫榫眼→侧板A、抽屉侧板I
- 榫眼→隔板H、挡板L、防震板K

※侧板D的内侧如图所示，钻出支撑木架所用暗榫的洞孔。

(3)先把抽屉的前板上漆，并装好把手备用。

1 制作侧板

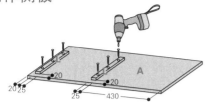

在组装本体木架前，先在侧板A安装抽屉用的挡板L。安装位置如上图所示。上面直接用螺丝固定。2片挡板皆用同样方式安装。

2 组装木架

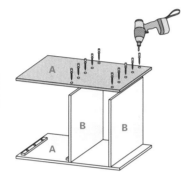

(1)拼接装有挡板的侧板与层板B。并自层板外侧每一列各在5处地方用螺丝固定。

(2)安装作为面板底部用的木材D。与层板同样的固定方式，自侧板处将每根木材各用2个螺丝固定。

3 安装隔板

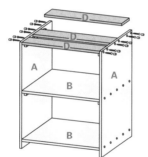

(1)安装抽屉两侧的隔板H。下层由上下2处用螺丝固定，上层由上方埋入螺丝，下方则用木工用黏合剂固定。

(2)为避免木架里的抽屉左右晃动，在上下的层板处安装防震细材K。用螺丝由上朝层板在2～3处地方固定。把细材K与隔板H的厚度对齐放置。

4 组装面板

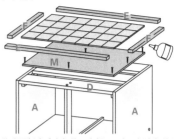

用螺丝把作为面板瓷砖底部的三合板M，在面板底部的材料D上固定，并由上方以木工用黏合剂黏上木框、以专用黏合剂黏上瓷砖，把缝隙填满（参阅第32页）。

5 安装脚轮

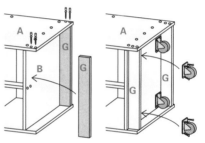

在木架内侧安装脚轮，并在木架的前后安装横木G。如此一来即可掩盖脚轮，作品完成后较为美观。用铁钉将背板O固定在木架本体的背面。

6 制作抽屉

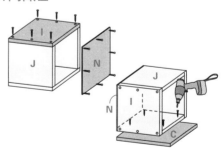

制作抽屉是将各个材料组合起来，并用螺丝固定。底板用铁钉钉入椴木三合板后，做成箱子。接着自箱子内侧用螺丝固定已装上圆形把手的前板C，即告完成。

7 完成

(1)把整个木架用砂纸（180号）磨光后，涂上稀释的水性漆。若想强调木材纹路，则用碎布擦拭即可。

(2)在侧板上安装喜好的挂钩。

004-C

橱柜

（组装图）

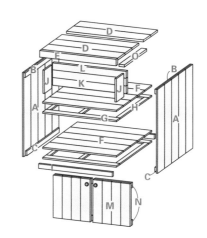

（设计图）

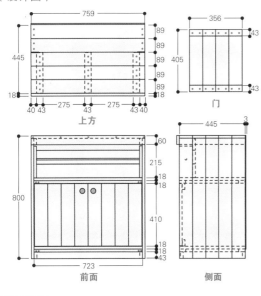

上方

门

前面

侧面

（工具）

· 电动螺丝起子（钻头 φ 3mm、10mm、φ 12mm）
· 锯子
· 锤子
· 砂纸（120号）

（预备工作）

(1) 按照取材图裁切木材。可以利用店里的代客裁切服务。

(2) 将木板与木板接合处及螺丝的位置画上墨线，并在螺丝位置钻出榫眼及埋入暗榫的榫眼（参阅第28页）。

● 钻横有榫眼的木板
· 榫眼及暗榫榫眼框板板 G、门板前板 E
· 榫眼连接材 BC、层板 F、内板 J ~ L、固定面板的木条 O、固定门板的木条 N

（材料）

· SPFl × 4材 6尺（厚19mm × 宽89mm × 长1820mm）→ 22根
· 柳安木三合板（厚3mm × 宽910mm × 长910mm）→ 1片
· 12mm 圆棒（长900mm）→ 1根
· 暗榫用圆棒（φ 10mm × 长900mm）→ 根
· 合叶（长51mm/黑色 / 带螺丝）→ 4个
· 磁铁夹 → 1个
· 不锈钢合叶（长50mm / 带螺丝）→ 2个
· 圆形把手（木制/白木色 / 带螺丝）→ 2个
· 螺丝（32mm）→ 103个
· 螺丝（55mm）→ 34个
· 铁钉（16mm）46个
· 水性漆（白色亮光面漆）→ 适量

（取材圈）

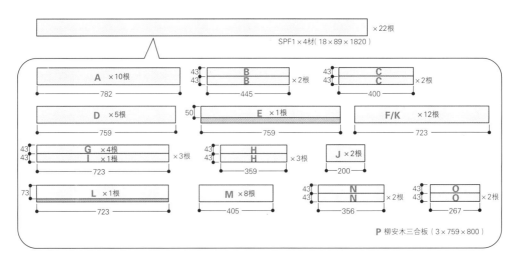

1 组装木框

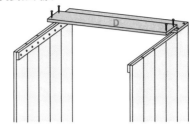

10 23 10

297   297

组合框材G（长）和H（短），做成梯形的木框。自长的框材处各用2个螺丝（55mm）固定，以此做成2组。上方在放置磁铁夹的补强处用5cm左右的螺丝将角材固定，作为前面边侧的螺丝部分则埋入木制暗榫（参阅第33页）。

2 制作侧板

B   A
C
27   400   18

将5片侧板并排，角材B与C置于两端，接着把并排的木板用螺丝（32mm）接合。B与C接合的位置并不一样，这点应该注意。此处也制作2片相同的侧板。

3 组装外框

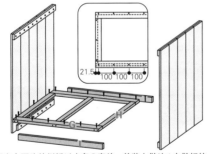

21.5 100 100 100

把左右两边的侧板以木条C直放，并装上做法1中做好的支撑木架用的框架，每片侧板用螺丝（32mm）自上方在5处固定。左右两边皆以同样方式固定后，在前后的下方则以横木固定。自支撑木架的框架上方用螺丝（32mm）在6处地方固定即可。

4 拼接层板

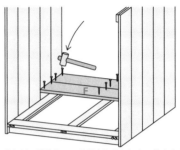

D

（1）拼接2片面板D与上方的背侧。每一片自上方各用2个螺丝（32mm）固定，螺丝的部分埋入木制暗榫（参阅第33页）。

F

（2）把5片板材F并排在下层支撑木架的框架上，并自上方用铁钉固定。每一片板材钉入2个铁钉。

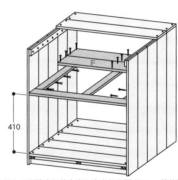

F

410

（3）把上层支撑木架装在离下方木架层面410mm的位置，由内侧用螺丝（55mm）固定，与下层一样将层板F并排，接着用铁钉接合。

5 用圆棒埋暗榫

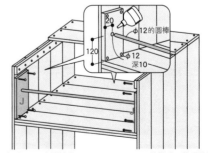

20   φ12的圆棒
120   φ12
深10

J

在2片J板上用电钻钻出φ12mm×深10mm的榫眼。榫眼位置参阅上图。接着把φ12mm的圆棒裁切成长705mm的大小，并在榫眼内注入木工用黏合剂黏合（参阅第38页）。把木板J放置上层木架靠近自己这一侧，用铁钉将其固定在侧板上。

6 装入隔板

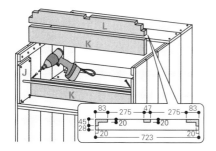

在已安装圆棒的J板背面，装入隔板K。在J板背面的截口处用螺丝（32mm）固定，上层的木板L则按照图中尺寸用电动线锯机加工后，跟K板以同样的方式安装。

7 制作面板盖

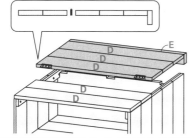

(1)将3片面板D并排，在作为内侧的那一面用3片小块木板〇用螺丝（32mm）固定。在盖子前方把木板E由前侧用螺丝（32mm）在5处地方固定，并埋入木制暗榫（参阅第33页）。

(2)在盖子后侧安装不锈钢合叶，将木架本体上方与在步骤4(1)中装好的面板D接合。由于盖子是朝上开启的，在安装合叶时应该注意其方向。

8 制作门板

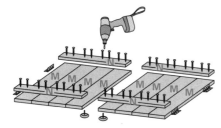

(1)把所有的木板M分成4片并列，在内侧安装板材N，并用螺丝（32mm）固定，做成1整块木板。4片木板间的空隙则以木工用黏合剂黏合。

9 安装背板

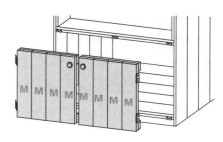

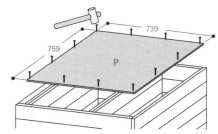

(2)接着在门板上安装圆形把手和合叶，装好后再装入本体木架。合叶装在距门板上下端各50mm的位置，至于圆形把手则可据个人喜好的位置安装，并在门板内侧安装磁铁夹。

用铁钉在木架本体的背面安装背板P。每边各埋入4个螺丝。

10 完成

(1)在安装门板前，先用砂纸将整个木架磨光。使用120号的砂纸稍微把整个木架表面磨平，并将截面削圆。

(2)把白色漆以等量的水稀释，在整个木架上进行涂装。若一边用碎布擦拭一边上漆，漆好后就不会出现色斑。也可以重复上漆，直至漆出自己喜欢的颜色为止。

Lesson 4

圆棒的安装方法与钻洞的缺窍

在本次的橱柜做法中，圆棒首次用作挂放小物品的道具，使用上更为方便。至于安装方面，要在安装圆棒的木板两侧在同样的位置钻洞，多少有点困难。因此自木板各边精准画下距离位置，是成功安装的秘诀。但如图所示，使用小工具在别的木板上作出洞孔位置的记号，也是一种方法。首先在一片木板上钻洞装入金属零件，并重叠压住另一片木板后，则在该片木板上找出洞孔正中央位置的记号。圆棒可在建材中心购得，对大量使用圆棒的人来说，备有此材料可能会比较方便。

005-A 柜子 角柜

（组装图）

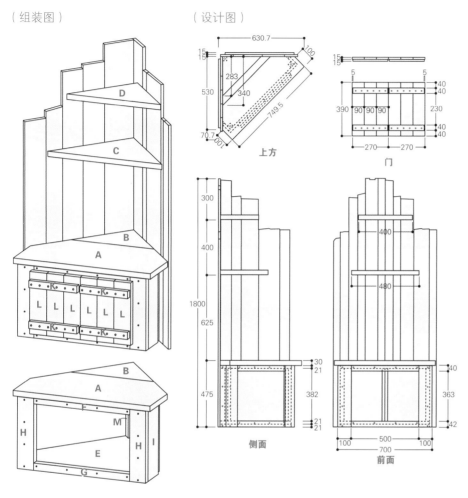

（设计图）

630.7
15
15
283
530
340
100
749.5
70.7
101
147

上方

15
15
5 5
390 90 90 90
270 270
40 40
230
40 40

门

300
400
1800
625
475
30
21
382
21
21

侧面

400
480
40
363
42
100 500 100
700

前面

（材料）

- 杉木材（厚30mm×宽240mm×长1820mm）
  →1片
- 松木组装材（厚18mm×宽180mm×长1820mm）
  →1片
- 杉木材（厚15mm×宽45mm×长1820mm）
  →2片
- 杉木材※1（厚15mm×宽90mm×长1820mm）
  →2片
- 椴木三合板（厚21mm×宽910mm×长1820mm）
  →1片
- 柳安木角材（30°×1820mm）→1根
- 杉木材（宽90mm～150mm※2×厚15mm×长
  1820mm→10片
※1使用的杉木为表面留有制材痕迹的木材。
※2用于背板的杉木材，是由宽度不一的材料组合而成。
- 螺丝（25mm）→100个
- 螺丝（50mm）→50个
- 铁钉（38mm）→100个
- 合叶（长50mm/黑色/带螺丝）→4个
- 铰链（ROLLER CATCHER）→2个
- 木工用黏合剂
- 水性漆（白色、红色、暗红色）
- 油性着色剂（橡木色、桃花心木色）
- 水性清漆或光漆（透明）

（工具）

- 电动螺丝起子（钻头φ3mm、φ10mm）
- 锯子
- 凿子
- 锤子
- 砂纸（100号）
- 刷子
- 碎布
- 美工刀

（预备工作）

(1)按照取材图裁切木材。
(2)将木板与木板接合处及螺丝的位置画上墨线，
并在螺丝位置钻出榫眼及埋入暗榫的榫眼（参阅第
28页）。

●钻有榫眼的木板
- 榫眼→面板E、背板用细材J
- 铁钉榫眼→框材F～I、背板N和门板木材K、L

（取材图）

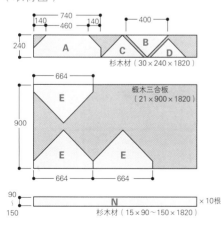

740
140 460 140
400
240
A C B D
杉木材（30×240×1820）

664
900
E
E E
664 664
椴木三合板
（21×900×1820）

90
150
N ×10根
杉木材（15×90～150×1820）

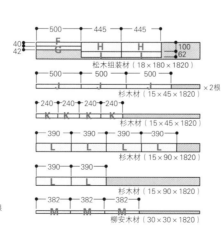

500 445 445
40
42
F
G
H H
100
62
松木组装材（18×180×1820）

500 500 500
杉木材（15×45×1820）×2根

240 240 240 240
K K K
杉木材（15×45×1820）

390 390 390 390
L L L L
杉木材（15×90×1820）

390 390
L L
杉木材（15×90×1820）

382 382 382
M M M
柳安木材（30×30×1820）

1 组装箱子

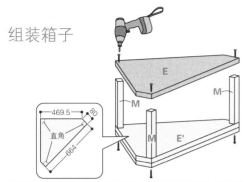

469.5 80
直角
664

组装木架内的箱子。在内部面板E与2片同样形状相叠的底板E的3个角上安装柱子。并用螺丝（50mm）将木板由上往下朝柱子的方向固定。

2 安装框架

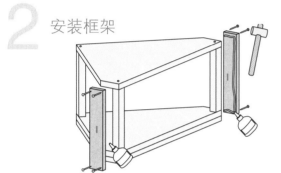

(1)在箱子的骨架上黏上完工的木框。将侧板I由面板、底板的部位涂上木工用黏合剂后用铁钉固定。由于接下来进行涂装，可使用钉头部分较小的铁钉，钉痕就不会非常明显。

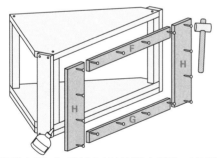

(2)前面的木框F、G、H用做法（1）同样的方式粘贴。由于安装部分无需费力，只要把铁钉在适当的位置把木板固定即可。故也可使用黄铜钉，让醒目的钉头成为作品设计的一部分。

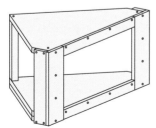

(3)将全部的木板装好。如此一来，木箱的本体部分即告完工。

3 安装背板

(1)这里的木架在设计上是把背板作为墙壁，因此使用长条木材N当作背板。选择不同宽度的木材，由中心慢慢将高度裁低。用铁钉把木材N固定在木材本体上。也可改用作为壁板使用的嵌板。

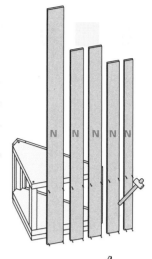

(2)为了固定背板，用螺丝将细材J分别在反面的上、中、下3处固定。同时考虑背板N与细材J的厚度，搭配使用较短的螺丝（25mm）。

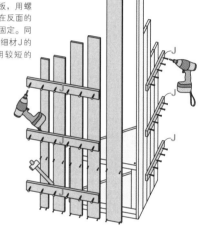

4 制作门板

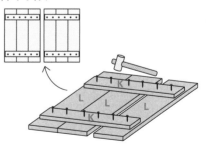

将3片门板材料并排，并把细材K并列在门板作为表面的那一面，自上方敲入铁钉，做成1片门板。以此步骤做成2片相同的门板。

5 制作面板和层板

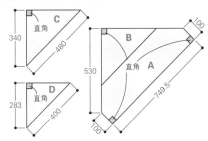

杉木的面板A+B、层板C和D各部位的尺寸如图所示。若是前后尺寸稍微不合没有关系，只要精确做出各自的直角即可。面板是将2片木板合起来使用。

6 涂装

在进行所有组装工作前，分别将门板、面板、层板及本体涂装完成。无论如何，为能自然呈现木材的质感，涂装前并不需用砂纸将木材磨光。

（1）木架本体部分是用水性漆将材料全部涂满，待干了之后，在白色漆料中加入少许红色漆料混合，再由木材上方重复涂抹。干燥后用砂纸（100号）磨光，此外以5～10倍的水稀释而成的桃花心木色的油性着色剂，涂在木材上，即可呈现出木材的质感。

（2）面板、层板用橡木色的油性着色剂进行涂装，待其干燥后，用砂纸（100号）轻轻把角落部分磨光，则会出现掉漆情况，仿古风格的作品就出现了。

（3）门板部分全部用白色水性漆上色，干燥后由方方以短刷毛的刷子涂上红褐色的水性漆，将其漆出色斑不均的效果。待干燥后，再用美工刀削去褐色漆的表层，让底色露出来，即告完工（参阅第31页）。

7 组装

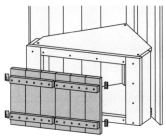

（1）在木箱本体上安装门板。把在做法2中装好左右木框的门板，用50mm长的合叶安装在木箱本体上。由于表面会成为带有门板的样式，因此应该确认适当位置后再进行安装。最后在门板内侧加带铰链。

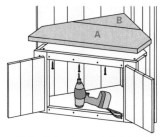

（2）把2片作为面板的A和B置于木箱本体上方，并由内侧用螺丝（50mm）固定。由于自外表看不到箱内的螺丝，故位置是否合合不必太在意。

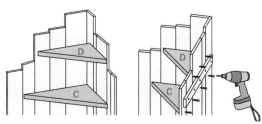

（3）在背板壁部的2处地方安装木架。C板是离木架本体的面板625mm处，D板则是离木架本体的面板400mm处安装，这些可由外表确认后根据个人喜好的位置安装即可。再由背板反面用螺丝（50mm）固定。每侧埋入4～5个螺丝，就能将其牢牢固定。

8 完成

（1）在漆好的木材上轻轻涂上水性清漆。
（2）背板的壁部可根据个人喜好，安装仿古风格的铁钉挂钩。

005-B

杉木展示柜

柜子

（组装图）

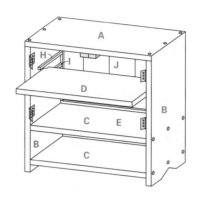
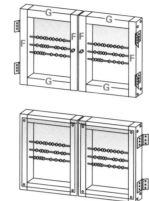

（设计图）

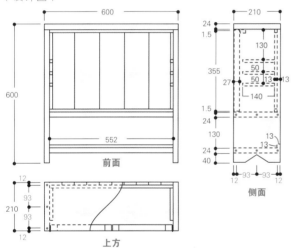

600

600

552

前面

210

24
1.5

130

355

50
27 50 13 13
50

140

1.5
24

130
13
13
24
40

93 93
12 12

侧面

12
93
210
93
12

上方

（取材图）

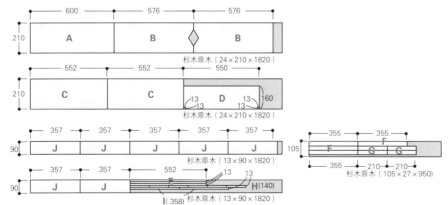

600 576 576

210

A B B

杉木原木（24×210×1820）

552 552 550

210

C C D 160
13 13

杉木原木（24×210×1820）

357 357 357 357 357

90

J J J J J

杉木原木（13×90×1820）

357 357 552
13 13

90

J J F
I(358) H(140)

杉木原木（13×90×1820）

355 355
F
105 F G G
355 210 210

杉木原木（105×27×950）

（材料）

· 杉木原木（厚24mm×宽210mm×长1820mm）→2片
· 杉木原木（厚27mm×宽105mm×长910mm）→1片
· 杉木原木（13mm×90mm×1820mm）→2片
· 合叶（长50mm/褐色）→4个
· 磁铁夹→2个
· 亚克力板（厚2mm×450mm×300mm/透明）→2片
· 螺丝（25mm）→45个
· 螺丝（41mm）→44个
· 烤肉串
· 算盘珠子（亦可使用其它的串珠）
· 喷漆（红锈色）
· 亚麻仁油（Watco Oil）（透明）

（工具）

· 电动螺丝起子（钻头 φ3mm）
· 锯子
· 锥子
· 锤子
· 电动线锯机
· 美工刀
· 砂纸（120号、180号、240号）

（预备工作）

(1)按照取材图裁切木材。
(2)将木板与木板接合处及螺丝的位置画上墨线，并在螺丝位置钻出榫眼及埋入暗榫的榫眼（参阅第28页）。
●钻有榫眼的木板
· 榫眼侧板B,面板A、背板G、门框木材F。
(3)木螺丝用彩色喷漆上色。
(4)用美工刀将亚克力板裁成230mm×315mm大小。

（做法）

1 接合层板与侧板

用螺丝（41mm）固定侧板B与层板C。

※由于螺丝不会埋入暗榫，因此先把螺丝插在瓦楞纸等材料上，将所有的螺丝头喷漆上色后备用。

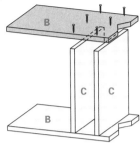

2 安装面板

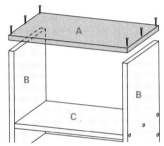

在侧板B上安装面板A，并用螺丝（41mm）自上方各在3处固定。

3 安装背板

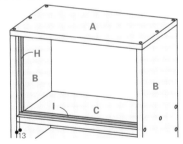

(1)把用来固定背板的横木H、I安装在离木架本体背面13mm的内侧周围。并用螺丝（25mm）自上方固定。同时也将横木I安装在最下层层板的后方。此处自木板反面用螺丝固定。

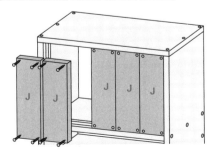

(2)把背板J与安装位置的宽度对齐调整，并用螺丝(25mm)朝横木方向固定。在每片背板的上下位置分别埋入2个螺丝。

4 安装支撑层板的木条

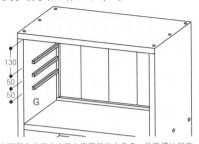

在左右两侧各自装上3根支撑层板的木条G，并用螺丝固定。安装位置为预定放置层板的位置。此处是离上方130mm处，以50mm的间隔安装。每根木材各在2处用螺丝固定。

5 制作，放置门板

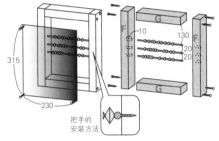

把手的安装方法

(1)组合门框F与G，并由F朝向G侧各处用2个螺丝（41mm）固定，制作长方形的门框。在组装前于门框F的内侧钻出3处串入珠子的竹签洞孔（约比竹签的直径粗0.5mm、深10mm），在组合时将竹签与算盘珠子一块串好。门框完成后，从内侧把亚克力板暂时固定。若安装过程不太顺利则立刻调整，此时可临时卸下亚克力板。

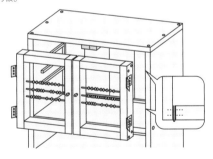

(2)每扇门板各自用2个合叶，将其装入木架本体，并在本体及门板内侧装上磁铁夹。

6 完成

(1)将角材削圆。用砂纸（120号、180号）稍微把角磨掉。同时将尚未固定的层板削圆，整个木架用砂纸把表面磨光。使用时先用120号的砂纸，最后再以240号的砂纸完工。

(2)从旁边上油，放置一段时间后再用碎布擦拭。若在意木材表面会起毛，则用1000号的防水砂纸进行磨光。

(3)在门板上装入亚克力板，接着放入层板后即告完成。

006-A

书架和CD架

并列式书架

（组装图）

（设计图）

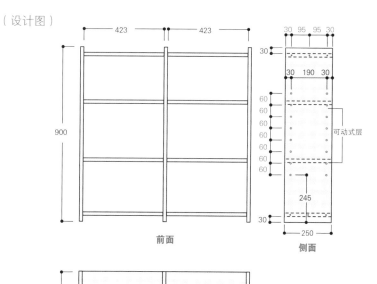

前面

侧面

可动式层

上方

（取材图）

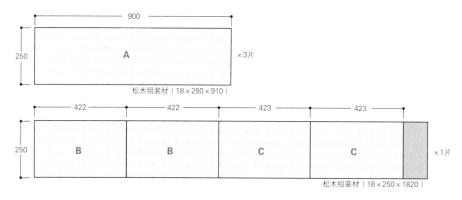

松木组装材（18×250×910）

松木组装材（18×250×1820）

（材料）

- 松木组装材（厚18mm×宽250mm×长910mm）→3片
- 松木组装材（厚18mm×宽250mm×长1820mm）→1片
- 支撑层板的暗榫（9mm）→阴螺丝64个、阳螺丝16个
- 安装层板的金属零件组→2个
  或是φ10mm暗榫木→12个
- 螺丝（41mm）→12个
- 暗榫用圆棒（φ10mm×900mm）→1根
- 木工用黏合剂

（工具）

- 电动螺丝起子（钻头φ3mm、φ10mm+15mm，或是φ8mm）
- 砂纸（180号、240号）
- 锯子
- 锤子
- 碎布

（预备工作）

(1)按照取材图裁切木材。

(2)将木板与木板接合处及螺丝的位置画上墨线，并在螺丝位置钻出榫眼及埋入暗榫的榫眼（参阅第28页）。

● 钻有榫眼的木板

- 榫眼和暗榫榫眼→侧板A
- 支撑层板用的暗榫榫眼→侧板A内侧

   ※底板C安装层板用的金属榫眼做法参阅做法1

（做法）

1 安装面板、底板

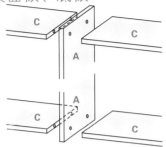

(1)在置于层板中央的隔板A其上下部位，各从横向安装木板C。安装时使用安装层板专用的金属零件，所以首先要钻出榫眼。

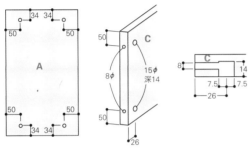

(2)榫眼的位置与大小如图所示。自板底与自截面处各自钻出 φ15mm及 φ8mm的榫眼。由于自截面处的钻孔工作较为困难，应该将木板牢牢固定后再进行。

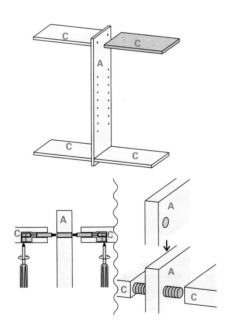

(3)若手边没有专用的金属零件，或是对自己的钻孔能力缺乏信心，则可如上图所示，可购买现成的暗榫来安装。每一处分别使用3个 φ10mm的暗榫木，接着再用木工用黏合剂黏合。

2 安装侧板

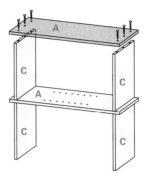

(1)安装做法1中左右两边的侧板A。并自侧板外侧分别各在3处用螺丝固定。

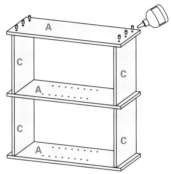

(2)侧板螺丝的部分全部埋入木制暗榫（参阅第33页）。

3 放置木板

首先在支撑侧板、隔板A的层架暗榫榫眼上安装阴螺丝，然后根据个人喜好的位置安装阳螺丝（参阅第40页），最后装上层板即告完成。

4 完成

(1)由于松木组装材的表面已经处理，故可以不用砂纸磨光。若要使用，则用180～240号的砂纸把整个木架稍微磨光。
(2)涂装工作是把层板拆下来用碎布涂上薄薄一层的蜡。上过2次蜡之后即可做成漂亮的书架。

006-B

CD架

（组装图）

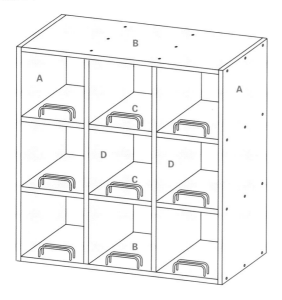

（设计图）

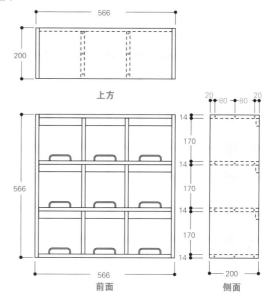

上方

前面　　　侧面

（取材图）

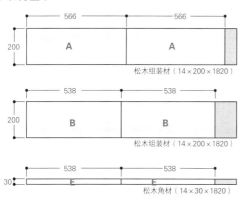

566　566
200　A　A
松木组装材（14×200×1820）

538　538
200　B　B
松木组装材（14×200×1820）

538　538
30　E　E
松木角材（14×30×1820）

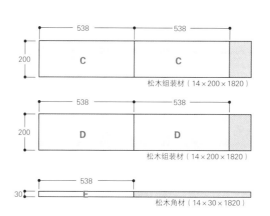

538　538
200　C　C
松木组装材（14×200×1820）

538　538
200　D　D
松木组装材（14×200×1820）

538
30　E
松木角材（14×30×1820）

（材料）

- 松木组装材（厚14mm×宽200mm×长1820mm）→4片
- 松木角材（厚14mm×宽30mm×长1820mm）→2片
- U字钉（6×120mm）→18个
- 螺丝（30mm）→42个
- 暗榫用圆棒（φ10mm×900mm）→1根
- 油性着色剂（深橡木色）
- 亮光漆
- 木工用黏合剂

（工具）

- 电动螺丝起子（钻头 φ3mm、φ8mm）
- 锯子
- 锤子
- 凿子
- 刷子
- 海绵
- 砂纸（180号、240号）

（预备工作）

(1) 按照取材图裁切木材。可以利用店里的代客裁切服务。
(2) 将木板与木板接合处及螺丝的位置画上墨线，并在螺丝位置钻出榫眼及埋入暗榫的榫眼（参阅第28页）。

●钻有榫眼的木板

- 榫眼和暗榫榫眼→侧板A、面板A、底板B
- 榫眼→内板E

1 裁切层板

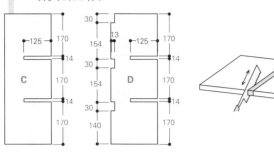

(1) 在中间的隔板C与侧板D画上墨线。接着用锯子把层板C与侧板D锯出切口。以十字形扣接的方式，墨线则在木材内外两面都画上，锯子沿着侧面的墨线切入。锯子切入墨线的切口后，内部凹处用凿子嵌入，接着用锤子把它敲断。切掉的凹处部分则用砂纸磨平。

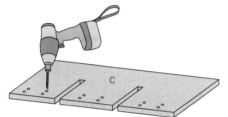

(2) 在作为中间隔板使用的层板C上，钻出U字钉用的榫眼。再用砂纸（180号）在榫眼部位削圆加工。

2 组装层板

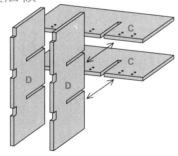

组装已加工的层板C与隔板D的凹处部位。

3 接合上下木板

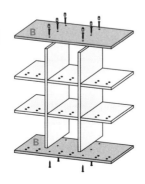

把面板、底板B放在做法2中组好的井字形隔板的上下方，并用螺丝固定。螺丝埋在木板纵向的截面处，每处各用3个螺丝固定。

4 安装侧板

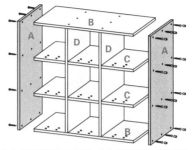

用同样的方式安装侧板A与面板，并自隔板两侧用螺丝固定。

5 埋入暗榫

在木板A、B上露出的螺丝部分，埋入木制暗榫（参阅第33页）。

6 安装内板

内板E用作加固，并在挂墙安装时可作为埋螺丝的壁板，把内板放在各层隔板的上方，并用螺丝固定。

7 安装U字钉

在做法1中钻出的榫眼上，用锤子钉入U字钉。

8 完成

(1) 在安装U字钉前进行涂装。首先用砂纸（180、240号）把整个木架磨光。
(2) 上色部分使用深橡木色的油性着色剂。可调到自己喜欢的浓度后再重复上色，最后涂上亮光漆。若表面不太光滑，则用海绵沾蜡涂抹，再用碎布擦拭即可。

006-C

带桌面书架

（组装图）

（材料）

- 松木组装材（厚18mm×宽400mm×长1200mm）→1片
- 松木组装材（厚18mm×宽200mm×长1820mm）→1片
- 松木组装材（厚18mm×宽200mm×长300mm）→1片
- 松木角材（50°×长1820mm）→1根
- 松木角材（50°×长600mm）→1根
- 多孔板（厚5mm×宽450mm×长910mm）→1片
- 螺丝（45mm）→52个
- 螺丝（65mm）→11个
- 暗榫用圆棒（φ10mm×900mm）→1根
- 木工用黏合剂
- 水性漆（白色）
- 油

（工具）

- 电动螺丝起子（钻头 φ3mm、φ10mm）
- 锤子
- 砂纸（180号、240号）
- 刷子
- 碎布

（设计图）

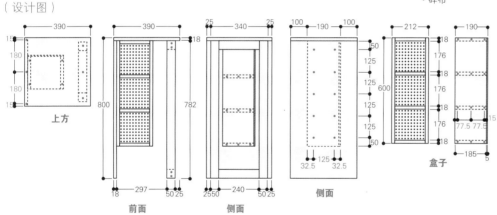

上方　　前面　　侧面　　侧面　　盒子

（取材图）

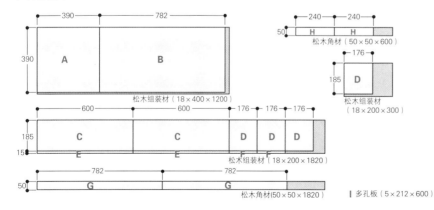

松木组装材（18×400×1200）

松木角材（50×50×600）

松木组装材（18×200×300）

松木组装材（18×200×1820）

松木角材（50×50×1820）

多孔板（5×212×600）

（预备工作）

(1)按照取材图裁切木材。

(2)将木板与木板接合处及螺丝的位置画上墨线，并在螺丝位置钻出榫眼及埋入暗榫的榫眼（参阅第28页）。

●钻有榫眼的木板

- 榫眼和暗榫榫眼

→面板A、桌子侧板B、木架侧板C、侧面脚材G

（做法）

1 制作桌子部分

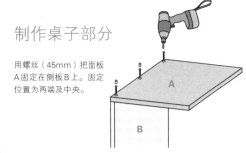

用螺丝（45mm）把面板A固定在侧板B上。固定位置为两端及中央。

2 制作框形脚架

如图所示组合4根角材G、H，做成长方形的木框。将较长的角材G朝较短的角材H的截面放置，并各用2个螺丝（65mm）固定。

3 制作木架

（1）把4片层板D直立并列后，将C板由上方固定。C板在每片层板的接合处用螺丝（45mm）各在3处固定。

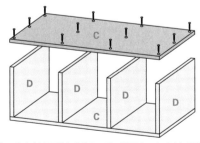

（2）在反方向也以同样方式将另一片C板固定，完成木架的制作。

4 埋入暗榫

在做法1、2、3中各自钻好的螺丝部位，埋入 φ 10mm 的木制暗榫（参阅第33页）。在做法3木架的一处侧面，因为要安装做法1中的侧板B，故此处不埋入暗榫也没关系。

5 安装背板

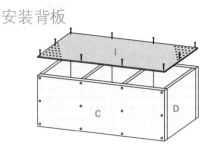

把背板I装在木架的背侧。用螺丝固定时宜避免埋到多孔板的洞孔，因此选择四角、中央和长边的那一侧，分别在四角及内侧的2～3处用螺丝（45mm）固定。

6 组装

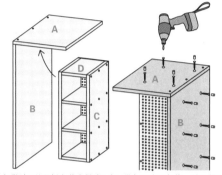

（1）把做法3的层板安装在做法1中已做好的桌子部位。并用螺丝（45mm）在侧板B的宽边及中央位置，将面板A与侧板B固定。

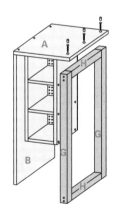

（2）安装在做法2中已做好的脚架。用螺丝（65mm）从面板A将其固定。

（3）把组装木架时，固定木架的螺丝，全部埋入木制暗榫，即完成。

7 完成

在组装前（做法4之后）进行磨光和涂装工作会比较容易。
（1）把各个部分用砂纸（180号）将表面稍微磨光，最后再用240号的砂纸完工。
（2）在木架涂上用水稀释的白色水性漆。若想凸显木材的纹路，则加入较多的水稀释，用刷子上好漆后，再以碎布擦拭即可。
（3）桌子及脚架部分，用颜色透明的油涂好后即告完成。用刷子上油后，把木架放置一段时间再用碎布擦拭。背板部分则保持原状，不必上油。

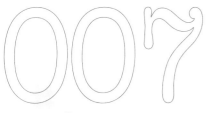

迷你木架

A 厨房活动架

◆吊架（组装图）

（设计图）

430
130
100
100
100
100
100
140
15　400　15
前面

38
上方

◆置物架（组装图）

（设计图）

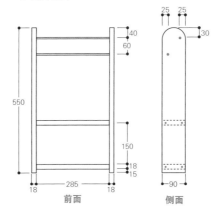

550
150
18
15
18　285　18
前面

25　25
30
90
侧面

（材料）

◆吊架部分
・丝光木（SilkWood）（厚15mm×宽38mm×长910mm）→2片
・拉敏木圆棒（Ramin）（φ10mm×900mm）→3根
・柚木圆棒（φ10mm×900mm）→1根
◆置物架
・松木（厚18mm×宽90mm×长1820mm）→1片
・不锈钢圆棒（φ10mm×长900mm）→1根
・螺丝（32mm）→8个

◆吊架（做法）

1 按照设计图裁切圆棒和丝光木。在丝光木上每隔100mm间隔画上墨线，并用电钻钻出φ10mm的榫眼。

2 把圆棒插入丝光木的榫眼中。以木工用黏合剂黏合。但只有最上面那一根圆棒为可拆式的安装设计。用来放置餐巾纸。

3 这次示范使用的是2种颜色的圆棒，可拆式的圆棒则用柚木做成。可将不同颜色的圆棒自由组合。安装在墙壁或直立放置皆可。

◆置物架（做法）

1 按照设计图裁切松木和不锈钢圆棒。把侧板的上方切成圆弧形。

2 在侧板画上榫眼用的墨线，并钻出暗榫用的榫眼。在上方钻出2个插入圆棒用的榫眼。

3 在2片侧板上安装圆棒和层板，并自外侧用螺丝将层板固定。圆棒的安装方法请参阅第56页。最后涂上喜欢的漆色即告完成。

B 迷你开放式厨房活动架

（组装图）

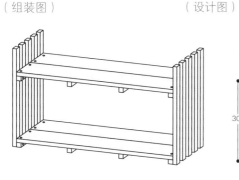

（设计图）

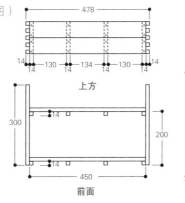

478
14　14　130　14　134　14　130　14　14
上方

300
14
14
200
14
450
前面

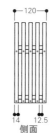

120
14　12.5
侧面

（材料）

・云杉角材（14°×910mm）×5根
・云杉木材（厚14mm×宽60mm×长910mm）→2片
・细螺丝（13mm）→36个
・黄铜钉（19mm）→16个
・亚麻仁油（WatcoOil）（透明）

（做法）

1 裁切14mm的角材。各种尺寸的裁切数量为：长300mm（10根）、长120mm（8根）。至于宽度60mm的板材则裁成450mm（4片）。

2 将2片层板并列，自内侧用2根120mm的角材固定，如此即做成1片木板。以同样的方法制作2片木板。

3 把5根长300mm的角材并列，一端与离一端200mm的2处将120mm的角材固定，做成板条式的形状，并把做法2中的层板放在角材上，然后自横向用铁钉固定。最后上油即告完成。

C 挂墙复古木架

（组装图）

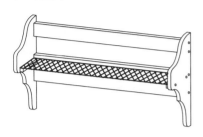

（设计图）

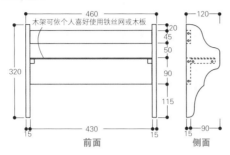

木架可依个人喜好使用铁丝网或木板

460
20
45
50
90
115
320

前面
15   430   15

120
90

侧面

（材料）

・杉木材（厚15mm×宽120mm×长1820mm）→1片
・铁丝网（宽80mm×长430mm）→1片
・螺丝（35mm）→12个
・水性漆（白色/绿色）
・油性着色剂（深橡木色）

（做法）

1 把侧板裁切成自己喜欢的形状。用厚纸作为纸型，再用锯子切割。同时，也将其它的木板裁切完成。

2 在2片的侧板中间，安装2片背板和1根支撑层架用的角材，并分别用螺丝自侧板外侧固定。

3 使用铁丝网作为层板。此处也可选用自己喜欢的材料。将其裁切成80mm×430mm大小后，装在支撑木架的木材上。

4 涂装方面首先用绿色的水性漆上色，放置一段时间后再涂上白漆。干燥后用砂纸磨光，一部分用油性着色剂上色，即可产生独特的质感。

D 带钥匙圆装饰小木架

（组装图）

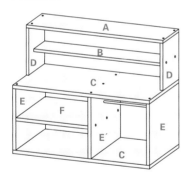

A
B
D   D
C
E   F
E'
C

（设计图）

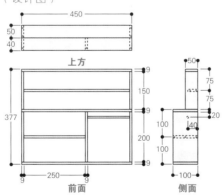

450
50
40
上方

9
150
9
377
200
9
前面
9   250   9

50
75
75
100   40   20
100
侧面
100

（材料）

・桧木组装材（厚9mm×宽300mm×长910mm）→1片
・圆棒（φ10mm×900mm）→1根
・铁钉（20mm）→32个
・亚麻仁油（WatcoOil）（深核桃色）

（做法）

1 按照取材图的尺寸裁切，并在木板的接合处及铁钉的固定位置画上墨线。

2 自侧板E、隔板E'的两侧把侧板F用铁钉和木工用黏合剂黏好后，在另一侧的侧板E及隔板E'的内侧钻出φ8mm的榫眼，装入圆棒（参阅第56页）。

3 在底板C上，自反面用铁钉和木工用黏合剂接合3片侧板、隔板E。

4 在中段的层板C上，把接好上段层板B的侧板D自内侧固定，上方再放上面板A。并各自用木工用黏合剂及铁钉接合。

5 把装有上段层板的层板C，自上方用铁钉及木工用黏合剂接合下段的侧板、隔板E。

6 做好后用亚麻仁油涂装2次。用刷子上油后，不用放置一段时间，即可用碎布擦拭。

（取材图）

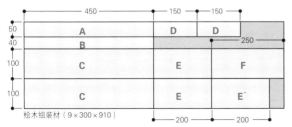

450   150   150
50   A   D   D
40   B   250
100   C   E   F
100   C   E   E'
桧木组装材（9×300×910）
200   200

E CD回转架

（组装图）

（设计图）

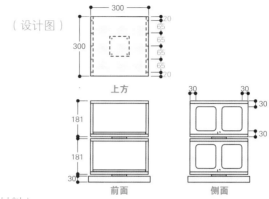

上方

前面　　　　侧面

（取材图）

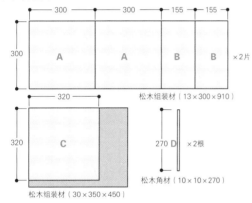

松木组装材（13×300×910）

松木组装材（30×350×450）

松木角材（10×10×270）

（材料）

- 梧桐木组装材（厚13mm×宽300mm×长910mm）→2片
- 松木组装材（厚30mm×宽350mm×长450mm）→1片
- 松木角材（10°×600mm）→2根
- 螺丝（32mm）→40个
- 水性漆（白色）
- 铁钉（19mm）→8个
- 暗榫用圆棒（ϕ 10mm×900mm）→1根
- 回转板→2个

（做法）

1 把材料削圆加工并按照取材图的尺寸裁切，同时在木板的接合处及木螺丝的位置画上墨线。

2 在2片底板A的中央用铁钉固定作为挡板用的角材D。1根木材钉入4个铁钉。

3 在侧板B上用电动线锯机或线锯机锯出窗型。在四角用电钻钻洞，中间可用直线连接的形式裁切（参阅第29页）。切口部分用砂纸磨平。

4 用螺丝把材料A、B组成箱子。在面板A上埋入的螺丝，全部埋入木制暗榫（参阅第33页）。

5 用回转金属零件接合2个箱子与底板D。把中央部位对齐，精准画出墨线，钻好榫眼后开始作业。

6 涂装工作若在做法5之前完成，则可做出漂亮美观的作品。这次示范使用的是白色水性漆。

G 瓷砖方格箱

（组装图）

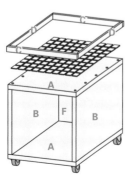

（设计图）

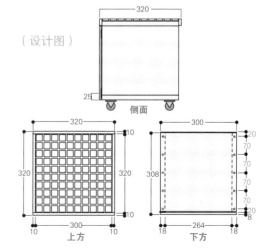

侧面

上方　　　　下方

F 挂墙香料架

（组装图）

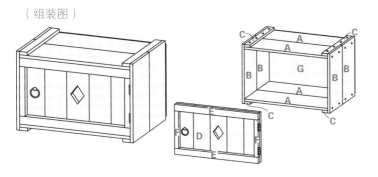

（设计图）

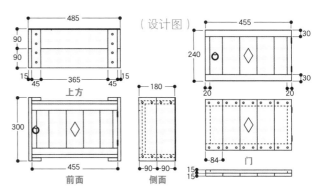

485
90
90
15 45 365 45 15
上方

455
30
240
30
20 20
门
84
15
15

300
455
前面

180
90 90
侧面

（取材图）

455　455　240　240　240
90　A　A　D　D　D
杉木材（15×90×1820）

455　455　180　180
90　A　A　C　C　45
　　　　　　C　C　45
杉木材（15×90×1820）

300　300　300　300　240　240
90　B　B　B　B　D　D
杉木材（15×90×1820）

450　450
30　E　E
杉木材（15×30×900）

180　180
20　F　F
杉木材（15×30×450）

G 柳安木三合板（3×450×270）

（材料）

- 杉木材（厚15mm×宽90mm×长1820mm）→3片
- 杉木材（厚15mm×宽90mm×长910mm）→1片
- 柳安木三合板（厚5.5mm×宽450mm×长300mm）→1片
- 铁钉（25mm）→52个
- 平面合叶（长50mm）→2个
- 水性漆（白色/绿色）
- 油性着色剂（深橡木色或黑色）

（做法）

1 把所有材料削圆加工并按照取材图的尺寸裁切。C板的宽度为宽度90mm木材的1/2。

2 制作面板及底板。将2片A材并排，C材用铁钉固定在两端，即做成1片木板。

3 在面板和底板上，用铁钉固定侧板（把2片B板并排），做成箱子。木材每边钉入4个铁钉。

4 将5片D材并排，用铁钉在上下把E材在左右把F材固定，做成门板。铁钉则自反面钉入。

5 所有的材料涂装后，在门板安装喜欢的把手款式，并用合叶将其固定在木架本体。

6 内部方面，可根据个人喜好的位置安装层板或隔板。与木架C同样的做法进行涂装。

［取材图］

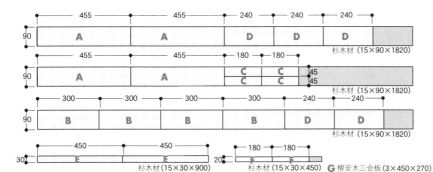

300　300　264　264
300　A　A　B　B
松木组装材（18×300×1200）

320　320　300　300
25　C　C　D　D
柳安木材（10×25×1500）

300
270　E
烧制的梧桐组装材
（9×300×300）

300
280　F
椴木三合板
（3×300×300）

（材料）

- 松木组装材（厚18mm×宽300mm×长1200mm）→1片
- 柳安木材（厚10mm×宽25mm×长1500mm）→根
- 烧制的梧桐组装材（厚9mm×宽300mm×长300mm）→1片
- 椴木三合板（3mm×300mm×300mm）→1片
- 暗榫用圆棒（φ10mm×900mm）→1根　· 螺丝（50mm）→20个
- 瓷砖（25mm角）→1层（300mm×300mm·81片）
- 合叶（长50mm·带螺丝）→2个　· 圆形把手（陶瓷制品/白色）→1个
- 脚轮（高50mm/带螺丝）→4个

（做法）

1 把材料削圆加工并依照取材图的尺寸裁切，同时在木板的接合处及螺丝的位置画上墨线。

2 组装上下的木板A及侧板B。自上下两处以螺丝接合，面板部位埋入暗榫，并在背面用铁钉把背板F固定。

3 在面板部位贴上瓷砖（瓷砖粘贴的做法参阅第32页）。接缝处都补好之后，在面板周围装上框材C、D。朝面板A的截面，用钉头较细的铁钉在数处固定。

4 在箱子的反面、四角安装脚轮。

5 把依个人喜好位置装上圆形把手的门板E，安装在木架本体。为能固定门板的截面，宜选择符合木板厚度的合叶。

6 涂装工作最好在粘贴瓷砖之前进行。面板的框架则在接合前涂装完成。

008-A 鞋架
开放式鞋架

（组装图）

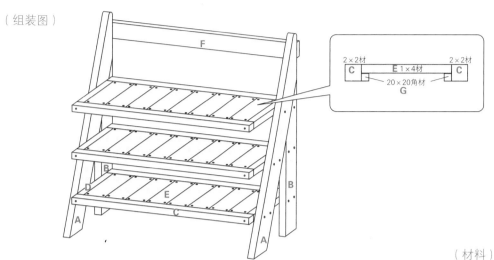

2×2材　C　E 1×4材　2×2材　C
20×20角材
G

（设计图）

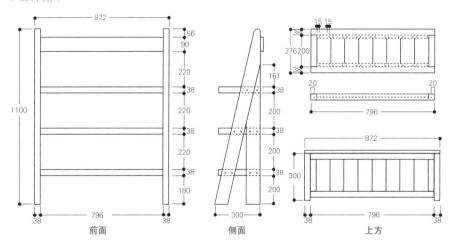

前面　　　　　　　側面　　　　　　　上方

（材料）

- SPF2×4材6尺（厚38mm×宽89mm×长1820mm）
  →2根
- SPF1×4材6尺（厚18mm×宽89mm×长1820mm）
  →4根
- SPF2×2材6尺（厚38mm×宽38mm×长1820mm）
  →4根
- 松木角材（20°×1820mm）→3根
- 烧制的梧桐组装材（厚9mm×宽300mm×长300mm）
  →1片
- 暗榫用圆棒
  （φ10mm×900mm）→1根
- 螺丝（65mm）→26个
- 螺丝（45mm）→54个
- 黄铜钉（32mm）→1箱
- 水性漆（白色、黑色）
- 木工用黏合剂

（工具）

- 电动螺丝起子（钻头φ3mm、φ10mm）
- 锯子
- 砂纸（120号）

（预备工作）

(1)按照取材图裁切木材。
(2)将木板与木板接合处及螺丝的位置画上墨线，并在
螺丝位置钻出榫眼及埋入暗榫的榫眼（参阅第28页）。
●钻有榫眼的木板
- 榫眼和暗榫榫眼→侧板A、B
※侧面、B背面、层板框架C、背板F
- 榫眼→支撑层板的木材G

（取材图）

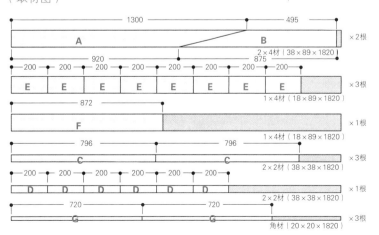

A　　　　　　　B　　　　　×2根
2×4材（38×89×1820）

E　E　E　E　E　E　E　E　　　×3根
1×4材（18×89×1820）

F　　　　　×1根
1×4材（18×89×1820）

C　　　　　　　C　　　　　×3根
2×2材（38×38×1820）

D　D　D　D　D　D　　　×1根
2×2材（38×38×1820）

G　　　　　　　G　　　　　×3根
角材（20×20×1820）

1 制作侧板

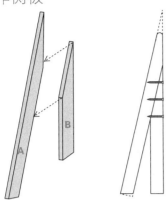

把按照取材图裁好的木材A、B，将B的截面朝A的侧面接合，并用3个螺丝（65mm）固定。将B材以垂直直立的角度与A材连接，并把A材的下方水平裁切，上方则处理成圆形。以此制作2片同样的侧板。

2 制作层板

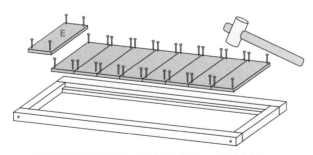

(1)把框材C与D用螺丝固定后组装完成。较长的框材由外侧、较短的框材则自截面处用螺丝（45mm）固定。框架做后，用螺丝（45mm）朝长方形的方向把角材G固定在与下方调整好的位置。

(2)把层板E并排在做法(1)中做好的角材G上，并用黄铜钉固定。以此制作3片同样的层板。

3 埋入暗榫

在侧板B背面、层板框架C前后的螺丝部位，埋入木制暗榫（参阅第33页）。

4 安装层板

把每片层板装在离下方各约200mm的位置，并用螺丝（65mm）由侧板的侧面固定。层板的高度可根据收纳物品的大小而改动。

5 安装背板

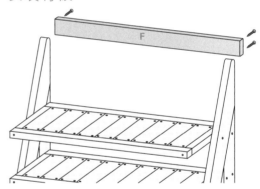

在侧板的背面安装。背板左右各在2处用螺丝(45mm)固定。

6 完成

(1)做法4～5中用螺丝固定的位置全部埋入木制暗榫。
(2)整个木架用砂纸稍微磨光（120号）。由于针叶树木材（云杉、松树、冷杉）已经由削圆加工，故在切口以外的部分可省略此步骤。
(3)在涂装方面，层板框架使用浅灰色（水性漆白色与黑色混合），其它部分则以白色水性漆上色。颜色组合可根据个人喜好自由搭配。
(4)在背板F上安装喜欢的挂钩作为钥匙圈。

008-B 鞋架
组合式鞋柜

（组装图）

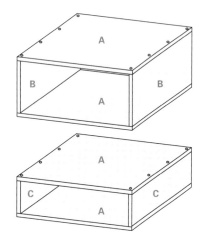
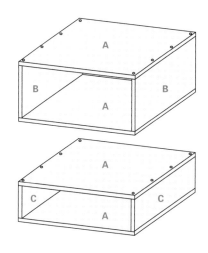

（设计图）

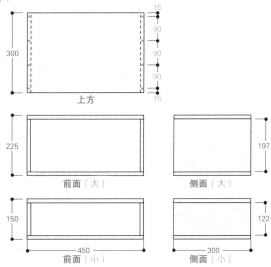

上方

前面（大）　側面（大）

前面（小）　側面（小）

（材料）

- 松木组装材（厚14mm×宽300mm×长1820mm）→3片
- 木螺丝（30mm）→87个
- 暗榫用圆棒（φ8mm×900mm）→1根
- 木工用黏合剂
- 亚麻仁油（WatcoOil）（透明）

（选择性材料）

- φ32mm的圆棒（900cm）→1根
- 放射松（radiata pine）组装材（厚14mm×宽250mm×长300mm）→1片

（工具）

- 电动螺丝起子（钻头φ3mm、φ8mm）
- 锯子
- 锤子
- 砂纸（180号）
- 刷子
- 碎布

（预备工作）

(1)按照取材图裁切木材。可以利用店里的代客裁切服务。
(2)按照设计图画上墨线，并在螺丝位置钻出榫眼及埋入暗榫的榫眼（参阅第28页）。

- 榫眼和暗榫榫眼→面板、底板A、E
- 榫眼→底板C、G、侧板B、D、F、H

（取材图）

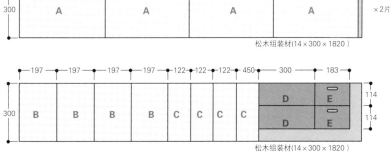

松木组装材(14×300×1820)

松木组装材(14×300×1820)

松木组装材
(14×250×300)

（做法）

1 安装侧板

把2片侧板B直立排列，在B板上方的截面处涂上木工用黏合剂后，在上面放置面板A，并用螺丝固定。

2

尺寸不同的侧板C也与B板以同样的方法接合。把所有的螺丝都埋上后，各自埋入木制暗榫（参阅第33页）。

3 安装底板

把面板朝下翻过来，与做法1～2同样的方法安装底板。底部装好后在使用鞋柜时并不会看到，因此可以不用埋入暗榫。

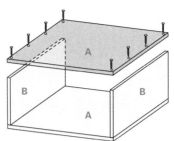

4 完成

此处制作的是2种不同尺寸的鞋柜各2个，共计4个。用相同的做法将4个箱子组装完成。组好之后，用180号的砂纸将表面磨光，最后再上油即告完成（参阅第30页）。

搭配制作－B-b 小件杂物箱

（组装图）

（设计图）

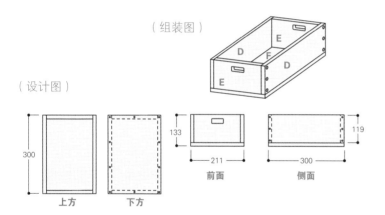

		133			119
300			211	300	
上方	下方		前面	侧面	

搭配制作－B-a 支柱

鞋箱为错开放置，故在堆叠时，可用支柱来固定。配合2种不同高度的箱子，支柱长度分为150mm与225mm2种。做法是用 φ32mm 的圆棒裁成各自的长度，在其截面处稍微削圆加工后，再进行涂装而已。各用2根长短支柱足以应付一般鞋架的搭配。若担心装置平衡问题也可用螺丝固定。

（做法）

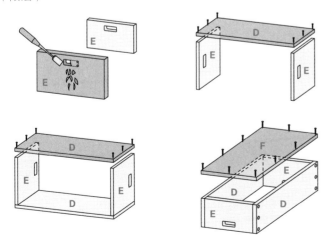

1

在前后的木板E上钻出把手的洞孔。在欲安装的把手的四边画上墨线，沿着外围用 φ5～8mm的钻头钻洞，并用电动线锯机、凿子将四角处理好（参阅第29页）。

2

接合前板E与侧板D。把2片E板直立放置，在上方放置D板，并用力对齐安放，在左右两侧分别用螺丝在上、下及中央3处固定。

3

以同样的方法接合反方向的侧板，制成箱型。所有的螺丝皆埋入木制暗榫（参阅第33页）。

4

接合底板F。用螺丝朝箱子的截面在长边4处、短边3处固定。内侧不用埋入木制暗榫也没关系。最后进行涂装即告完成。示范作品中是把小件杂物箱与鞋柜本体涂上同一颜色。但若仅在抽屉部分改涂别色，作品完成后色彩缤纷，也很不错。

009-A

茶几

带抽屉茶几

（组装图）

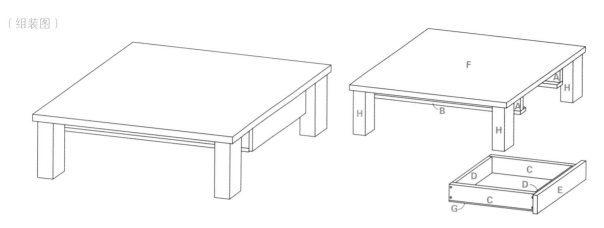

（设计图）

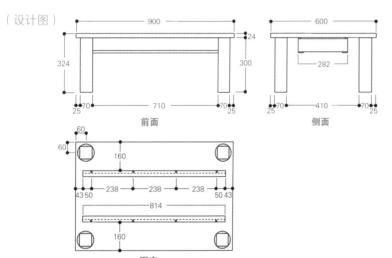

前面

侧面

下方

（取材图）

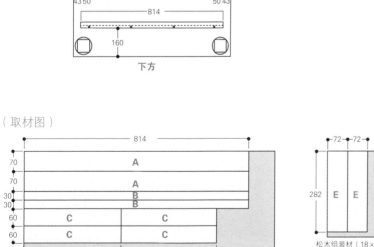

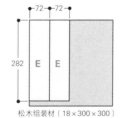

松木组装材（18×300×300）

F 松木组装材（24×600×900）
G 椴木三合板（5.5×250×350）×2片
H 市售桌脚（70×70×300）×4根

松木组装材（14×45×910）

（材料）

· 松木组装材（厚24mm×宽600mm×长900mm）→1片
· 松木组装材（厚14mm×宽450mm×长910mm）→1片
· 松木组装材（厚18mm×宽300mm×长300mm）→1片
· 椴木三合板（厚5.5mm×宽600mm×长600mm）→1片
· 角材橡木（带螺丝M8/宽70mm×长300mm）→4根
· 圆座盘（带螺丝M8）
· ϕ100mm→4片
· 螺丝（65mm）→10个
· 螺丝（32mm）→10个
· 螺丝（25mm）→32个
· 暗榫用圆棒（ϕ8mm×900mm）→1根
· 木工用黏合剂
· 油（渗透色——透明）

（工具）

· 电动螺丝起子（钻头ϕ3mm、ϕ8mm）
· 锯子
· 砂纸（180～240号）
· 双面胶
· 碎布
· 刷子（渗透性棕色）

（预备工作）

(1)按照取材图裁切木材。
(2)按照设计图画上墨线，并在螺丝位置钻出榫眼及埋入暗榫的榫眼（参阅第28页）。

●钻有榫眼的木板

· 榫眼和暗榫榫眼→抽屉侧板C
· 榫眼→抽屉底板G、滑轨板B、A

※在滑轨板B上钻出的榫眼，要能使螺丝可以埋得深，故以制作暗榫榫眼的诀窍，钻出20mm深的榫眼，再由该处钻出螺丝用的榫眼。

（做法）

1 组装抽屉

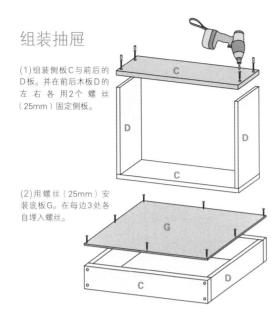

(1)组装侧板C与前后的D板。并在前后木板D的左右各用2个螺丝（25mm）固定侧板。

(2)用螺丝（25mm）安装底板G。在每边3处各自埋入螺丝。

2 埋入暗榫

把侧板埋入螺丝的部分全部埋入木制暗榫（参阅第33页）。至于底板部分的螺丝则可维持原状。

3 安装滑轨板

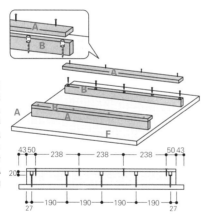

在面板F的内侧，按照图中尺寸安装滑轨板A。把65mm的螺丝深深埋入榫眼，螺丝头以埋入榫眼内为主。在左右两边装好2根滑轨板后，由上方用螺丝（32mm）把滑轨板B固定在滑轨板A上。注意不要把上下的螺丝重叠。

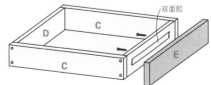

4 完成抽屉制作

双面胶

在做法1中组好的抽屉箱上，安装前板E。把前板用双面胶轻轻贴在箱子上，并确认滑轨板装入的位置。在适当的位置用双面胶牢牢黏上，自拉出抽屉的箱子内侧用螺丝（32mm）固定。在2处埋入螺丝。

5 安装脚轮

用附加的零件把圆座盘安装在面板反面的四角。安装脚轮时，确定能将其调整为装入离面板25mm处的内侧位置。此处使用的是φ100mm的圆座盘。

6 完成

(1)在安装脚轮前，用砂纸（180、240号）将整个木架磨光，并以透明的涂料进行上漆工作。用刷子稍微涂上后，再用碎布擦拭，如此涂上2次。抽屉的内箱部分可以不用上漆，前板应该在安装前完成涂装。

(2)在圆座盘装上脚轮后即告完成。

Lesson 5

桌子脚轮与柜子脚轮的安装方法

桌子脚轮 桌子与脚轮向来是理想组合，在木架装上脚轮后，设计上更能增添时尚感。建议使用市售带有螺丝的脚轮。在脚部部分钻有螺丝榫眼。若在木架本体装上带有螺旋的金属零件，则能完成可拆式的脚轮。脚轮有各种宽度及长度，应该考虑安装的木架、桌子的质量、收纳的种类等，选择可以承载所需强度的材料，这点非常重要。

柜子脚轮 若在木架上安装脚轮，可以经常变动室内的摆设，打扫起来也很方便。安装脚轮时只需用螺丝固定即可，非常简单。但需要注意材料的强度及承载质量。一般市售的脚轮皆带有可承载质量说明，可以参考选购。此外，在日常生活中是否会经常移动木架，还是会将其固定在一处使用，也可根据用途选择是否带有机动装置或运转式的脚轮。

009-B

茶几
小箱桌

（组装图）

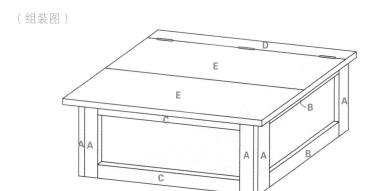

（材料）

- 松木边材（厚20mm×宽45mm×长1820mm）→4根
- 杉木原木（厚24mm×E300mm×长1820mm）→1片
- 针叶树三合板（厚12mm×E910mm×长1820mm）→1根
- 柳安木三合板（厚5.5mm×宽600mm×长910mm）→1根
- 螺丝（25mm）→64个
- 铁钉（50mm）→28个
- 合叶（长50mm）→3个
- 暗榫用圆棒（φ10mm×900mm）→1根
- 木工用黏合剂
- 油性着色剂（深橡木色）
- 水性清漆或虫胶清漆（透明）

（工具）

- 电动螺丝起子（钻头φ3mm、φ10mm）
- 锯子
- 锤子
- 砂纸（180号）

（预备工作）

(1)按照取材图裁切木材。

(2)按照设计图画上墨线，并在螺丝位置钻出榫眼及埋入暗榫的榫眼（参阅第28页）。

●钻有榫眼的木板

- 榫眼和暗榫榫眼→门框D
- 榫眼→侧板F、G、固定面板的板材I

（设计图）

上方

内侧

前面

侧边

（做法）

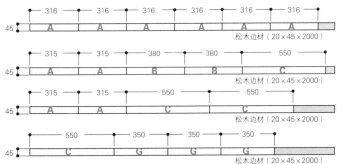

F 针叶树三合板（12×305×640）H 柳安木三合板（5.5×470×680）

G 针叶树三合板（12×305×406）

1 制作箱子的壁板（长）

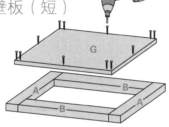

把边材A与C并排制成木框，并用螺丝自反面将针叶树三合板固定。以此制作2片同样的壁板。

2 制作箱子的壁板（短）

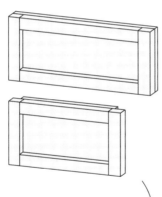

以同样的要领制作木框，自反面装上针叶树三合板G。此处使用的针叶树三合板宽度较窄，框与左右的中央部位对齐。以此制作2片同样的壁板。

3 完成箱子的壁板部分

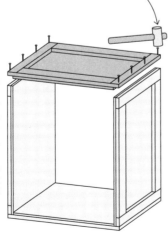

全部完成共4片的壁板。

4 组装箱子

把做法3的4片壁板用铁钉组装在箱型木板上。组合较长壁板与较短壁板的凹处。将铁钉朝木框的边材，同时避免与螺丝的位置重叠钉入。若使用钉头较小的铁钉，就不会看到铁钉的钉痕。此外也可使用醒目的黄铜钉，使其成为设计的一部分。

5 安装底板

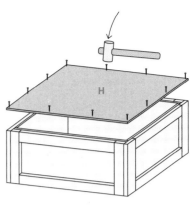

把底板H安装在做法4的箱子上。此处也用锤子敲入铁钉固定。并与做法4一样，沿着边材钉入。

6 制作面板

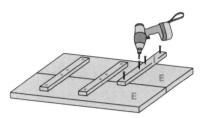

把2片松木木材E的侧面以木工用黏合剂黏合，并自反面用螺丝为边材固定。做成1片木板。

7 安装门框

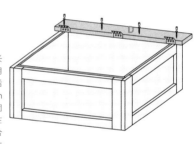

把框材D装在箱子较长的一边，并在箱子上用螺丝固定。框材在离后面20mm、左右30mm处、打开箱子的位置固定。在长边的内侧，在间隔平均的3处装上合叶。螺丝的部分埋入木制暗榫（参阅第33页）。

8 安装面板

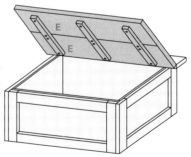

把在做法6做好的面板装在门框木材合叶的位置后，木架本体部分即安装完成。

9 完成

(1)用砂纸（180号）将边材表面磨光。由于针叶树三合板的表面较粗糙，最好不要用细砂纸，应用粗裂或极为凹凸不平的砂纸进行磨光。
(2)涂装部分用油性着色剂（深橡木色）上色。再用刷子蘸水性清漆或虫胶清漆（无色泽的透明颜色）上漆。

这是一本给不懂木工的人看的木工教学书，日本9位木工达人教你轻轻松松自己做家具。本书介绍了木材、配件和木工工具的基础知识，还介绍了木工制作的基本流程，并配有详细的制作步骤图解及文字说明，让你一学就会，轻松玩转木工。本书的24件具有较高收纳功能的实用性木制家具，按难易分类，既适合新手，也适合有一定基础的木工爱好者参考。

图书在版编目（CIP）数据

最简单的家庭木工 / [日] 地球丸木工编辑部编；芙安译 .
北京：化学工业出版社，2011.5（2025.1 重印）
（我的手工时间）
ISBN 978-7-122-10741-1

Ⅰ . 最… Ⅱ . ①地…②芙… Ⅲ . ①木家具 - 生产工艺
②细木工 - 基本知识 Ⅳ . ① TS664.1 ② TU759.5

中国版本图书馆 CIP 数据核字（2011）第 041649 号

WAGAYA NI PITTARI NO TANADUKURI RECIPE 24
All rights reserved.
Original Japanese edition published by The Whole Earth Publications Co., Ltd.
Simplified Chinese character translation rights arranged with The Whole Earth Publications Co., Ltd.
through Timo Associates Inc., Japan and Shinwon Agency Co., Beijing Representative Office, China.
Chinese edition copyright© 2011 by Chemical Industry Press.
本书中文简体字版由地球丸授权化学工业出版社独家出版发行。
未经许可，不得以任何方式复制或抄袭本书的任何部分，违者必究。

北京市版权局著作权合同登记号：01-2010-5042

责任编辑：高 雅	装帧设计：尹琳琳
责任校对：吴 静	

出版发行：化学工业出版社（北京市东城区青年湖南街13号　邮政编码100011）
印　　装：北京新华印刷有限公司
889mm×1194mm　1/16　印张5　字数327千字　2025年1月北京第1版第13次印刷

购书咨询：010-64518888　　　　　　　售后服务：010-64518899
网　　址：http://www.cip.com.cn
凡购买本书，如有缺损质量问题，本社销售中心负责调换。

定　　价：38.00元　　　　　　　　　　　　　版权所有　违者必究